CONGRÈS SCIENTIFIQUE

VILLE D'ANGERS

CONGRÈS SCIENTIFIQUE

A L'OCCASION DE

L'EXPOSITION NATIONALE

De 1895

ANGERS

GERMAIN & G. GRASSIN, IMPRIMEURS-LIBRAIRES

40, rue du Cornet et rue Saint-Laud

1895

HISTORIQUE

A l'occasion de l'Exposition Nationale d'Angers, le Maire d'Angers, par une lettre en date du 31 octobre 1894, invita les présidents des Sociétés savantes à se joindre à la Commission des fêtes et à prêter leur concours pour mener à bien l'œuvre entreprise. La question, portée à l'ordre du jour et discutée en séance du 8 novembre 1894 de la Société d'Études scientifiques d'Angers, fit naître l'idée d'un Congrès scientifique régional.

Ce Congrès devait avoir un double avantage, d'abord de donner satisfaction au légitime désir de la Ville de voir les Sociétés angevines participer, dans la mesure du possible, au succès de l'Exposition ; le Congrès, en effet, créerait un mouvement intellectuel qui ne manquerait pas d'attirer un certain nombre d'étrangers ; les conférences publiques, données à son occasion dans le local de l'Exposition, seraient une nouvelle cause d'attraction.

D'autre part, il constituerait une occasion précieuse de resserrer les liens amicaux entre les diverses Sociétés scientifiques d'Angers qui, jusqu'à ce jour, ont vécu un peu trop à l'écart les unes des autres, et, en étendant l'idée aux Sociétés des régions limitrophes, d'affirmer notre désir d'entretenir avec elles de bons rapports de voisinage.

Le principe du Congrès ayant été admis, une Commission fut nommée pour pressentir à ce sujet MM. les Présidents des autres Sociétés scientifiques d'Angers et, en cas d'assentiment, de provoquer la réunion d'une délégation de ces diverses Sociétés, en vue d'organiser les assises scientifiques.

La Commission, après démarches auprès des Sociétés d'Angers et après s'être assuré de leur acquiescement, élabora un projet de programme comportant :

1º Des séances de sections dans lesquelles seraient développés des travaux particuliers ;

2º Des conférences publiques dans la salle des conférences de l'Exposition ;

3º Des visites aux établissements industriels, horticoles, etc., de la Ville ;

4º Une excursion sur un point intéressant du département ;

5º Un banquet par souscription.

Il fut décidé que le président de la Commission inviterait MM. les Présidents des Sociétés adhérentes à désigner un certain nombre de délégués pour assister, au local de la Société d'Études scientifiques, le lundi 4 février, à une réunion préparatoire, en vue d'établir les bases du Congrès et d'aviser au moyen de l'organiser.

Les procès-verbaux des séances de la Commission d'organisation permettront de suivre ses travaux jusqu'à l'ouverture du Congrès.

Séance du 4 février 1895

Le lundi 4 février 1895, les présidents et délégués des Sociétés savantes d'Angers se sont réunis, convoqués par M. Préaubert, président de la Société d'Études scientifiques, dans la salle des réunions de la Société d'Études scientifiques.

Étaient représentées la Société Nationale d'Agriculture, Sciences et Arts, la Société Industrielle et Agricole, la Société d'Horticulture, la Société de Médecine, la Société de Pharmacie, la Société des Vétérinaires, la Société des Architectes, la Société d'Études scientifiques, la Commission météorologique départementale [1].

La séance est ouverte sous la présidence de M. Préaubert. M. le Président rappelle que la réunion a pour but l'entente des diverses Sociétés savantes d'Angers, en vue de l'organisation d'un Congrès scientifique, à l'occasion de l'exposition d'Angers. Il fait savoir que, lorsque l'idée de ces assises scientifiques a eu pris jour à la Société d'Études scientifiques, ladite Société a nommé une Commission chargée d'étudier la question et d'élaborer le projet de programme qui a été soumis aux diverses Sociétés angevines. Il donne connaissance des démarches qu'il a faites auprès de M. le Commissaire général de l'Exposition, qui a promis la somme nécessaire pour l'impression des travaux présentés au Congrès.

La réunion, reconnaissant tout ce que ce mouvement intellectuel créé à Angers, autour de notre Exposition, peut avoir de précieux, se préoccupe de fixer la date de ce Congrès. Après discussion et sur l'avis de M. Leroy, vice-président de la Société d'horticulture, elle accepte les 13, 14, 15 et 16 juin.

Il est entendu que les conférences des trois jours de Congrès seront confiées en partie à des personnes étrangères. On fait un choix provisoire des trois sujets de conférences ci-après :

[1] La décision de l'Académie des Sciences, Arts et Belles-Lettres d'Angers, qui persiste, malgré des démarches pressantes, à rester seule en dehors du mouvement actuel, rencontre des regrets unanimes.

Un docteur-médecin, *les Microbes*.

M. Ed. André, *Exploration de l'Amérique du Sud.*

M. Magne, *peinture sur verre et tapisserie.*

MM. Leroy et Deperrière sont priés de pressentir ces Messieurs à ce sujet.

La réunion décide ensuite que chacune des Sociétés adhérentes désignera un délégué et un suppléant dans sa prochaine séance, que ces délégués réunis constitueront la Commission d'organisation du Congrès et que cette Commission se réunira aussitôt qu'il sera possible sur convocation de M. Préaubert.

La séance est levée.

Th. SURRAULT,
Secrétaire de la Société d'Études Scientifiques.

COMMISSION D'ORGANISATION

Liste des Délégués des Sociétés savantes d'Angers

Société Nationale d'Agriculture, Sciences et Arts d'Angers : MM. l'abbé Hy, secrétaire ; Dr Maisonneuve.

Société Industrielle et Agricole d'Angers et du département : MM. Deperrière, vice-président ; Bouchard, secrétaire.

Société de Médecine d'Angers : MM. Dr Gripat, président ; Dr Quintard, secrétaire.

Société de Pharmacie de Maine-et-Loire : MM. Labesse, président ; Bouvet.

Société des Vétérinaires de Maine-et-Loire : MM. Guittet, secrétaire ; David.

Société d'Horticulture d'Angers : MM. Louis Leroy, vice-président ; Verrier, secrétaire.

Société des Architectes de l'Anjou : MM. Beignet, président ; Esnault, secrétaire.

Société d'Études Scientifiques d'Angers : MM. Surrault, secrétaire ; Quélin, archiviste.

Commission météorologique de Maine-et-Loire : M. Liénard, vice-président.

Société Linéenne : M. Aimé de Soland, président.

Société Angevine de Photographie : M. Verchaly, vice-président.

Séance du 21 mars 1895

Le 21 mars 1895, les délégués des Sociétés savantes d'Angers se sont réunis dans le local de la Société d'Études Scientifiques, sous la présidence de M. Préaubert.

Après discussion, la réunion décide d'inviter à prendre part aux travaux du Congrès scientifique d'Angers les Sociétés des départements ci-après :

Loire-Inférieure, Morbihan, Finistère, Ille-et-Vilaine, Côtes-du-Nord, Vendée, Deux-Sèvres, Vienne, Indre-et-Loire, Sarthe, Mayenne, Charente-Inférieure, ainsi que les trois Facultés de Rennes, de Caen, de Poitiers.

La Commission charge son président de libeller la lettre d'invitation. Cette lettre sera communiquée à chacune des Sociétés d'Angers, qui sera libre d'y apporter les modifications qu'elle jugera à propos et qui la fera parvenir aux Sociétés avec lesquelles elle est en relations.

Il est entendu que dans la lettre d'invitation il sera demandé communication des titres des travaux qui seront présentés, ainsi que le nombre des délégués de chaque Société. Il sera sollicité une réponse pour le 20 avril au plus tard.

Chaque Société angevine convoquera ses membres titulaires et correspondants.

La réunion est d'avis qu'il y a lieu d'établir trois grandes sections pour les travaux du Congrès et de désigner les membres de la Commission qui seront chargés de l'organisation et de la direction des diverses sections.

Sciences pures, M. Maisonneuve.
Sciences appliquées, M. Huault-Dupuy.
Sciences médicales, M. le Dr Gripat.

Ces Messieurs voudront bien recueillir les travaux présentés dans leurs sections respectives et en surveiller l'impression.

M. Préaubert fera les démarches nécessaires auprès des Compagnies de chemin de fer, afin d'obtenir une réduction de tarif en faveur des Congressistes.

M. Verrier s'occupera de la question du logement des délégués des Sociétés étrangères.

La Commission fixe, comme il suit, l'ordre des conférences pour les trois jours du Congrès :

Jeudi, M. le Dr Bahuaud, *les Microbes*.
Vendredi, M. Magne, *L'art de la peinture sur verre et les tapisseries*.
Samedi, M. André, *Voyage en Colombie*.

Divers projets d'excursions pour le dimanche 16 juin sont exposés. Il est décidé que cette question sera élucidée dans une prochaine réunion.

Dans tous les cas, les après-midi des jours de Congrès seraient employés à visiter les carrières d'ardoises de Trélazé, les manufactures et les établissements horticoles de la Ville.

La Commission fixe la date de sa prochaine séance au jeudi 25 avril.

Le Secrétaire,

Th. SURRAULT.

Séance du 25 avril 1895

Présidence de M. PRÉAUBERT

Le procès-verbal de la dernière séance est lu et adopté.

Après discussion relativement à l'excursion projetée pour le dimanche 16 juin, il est nommé une Commission composée de MM. Huault-Dupuy, David, l'abbé Ily, Bouvet pour étudier et préparer ladite excursion.

La réunion décide qu'il sera affecté un jour spécial pour chacune des trois sections du Congrès.

Jeudi, *Sciences médicales.*

Vendredi, *Sciences appliquées.*

Samedi, *Sciences pures.*

Chaque président voudra bien dresser la liste des communications qui se produiront dans sa section.

Il est entendu que les séances du Congrès seront publiques, sauf celles des Sciences médicales. Elles se tiendront dans la salle des Cours Municipaux, rue du Musée.

MM. le Dr Gripat, le Dr Maisonneuve et Huault-Dupuy élaboreront un règlement pour les séances du Congrès. Ce règlement sera imprimé et adressé quelques jours avant l'ouverture du Congrès aux membres adhérents.

M. Beignet annonce que la Société centrale des Architectes fera une visite, à Angers, les 9 et 10 juin. Il regrette que cette date ne coïncide pas avec l'époque de notre Congrès.

La prochaine réunion est fixée au jeudi 16 mai.

La séance est levée.

Th. SURRAULT.

Séance du 16 mai 1895

La séance est ouverte sous la présidence de M. Préaubert.

Le procès-verbal de la dernière réunion est lu et adopté.

M. le Président donne connaissance d'une lettre de M. Huault-Dupuy, dans laquelle il donne sa démission de président de la section des séances appliquées, en raison d'empêchements personnels.

M. Bouchard, délégué de la Société Industrielle veut bien se charger de cette présidence.

M. le Président fait connaître le travail de préparation de l'excursion du Layon élaboré par la Commission nommée dans ia précédente séance. Sur les observations de M. Bouchard, qui montre que cette excursion serait mieux placée au moment de la fructification de la vigne, la réunion abandonne ce projet de promenade et se rallie à celui proposé par M. Bouchard à Savennières (pépinière départementale des vignobles américains), et à la Possonnière pour les géologues et les botanistes.

M. le docteur Gripat soumet à la Commission le projet de règlement des séances du congrès qu'il a préparé avec M. le docteur Maisonneuve et M. Huault-Dupuy. La rédaction adoptée après de très légères modifications est la suivante :

1° Les travaux présentés seront publiés dans un bulletin spécial, aux frais du budget de l'Exposition.

Les gravures seront laissées aux frais des intéressés.

2° Tout travail déjà imprimé ou présenté à une Société savante ne peut être inséré dans le bulletin que sous forme de conclusions.

3° Chaque communication ne peut avoir une durée de plus de dix minutes.

Le président a le droit de donner une prolongation de cinq minutes. Ce temps écoulé, il est nécessaire de consulter l'assemblée.

4° Quel que soit le nombre de ses communications, la même personne ne peut conserver la parole plus de vingt minutes.

5° La discussion qui suit une communication ne peut durer plus d'un quart d'heure.

6° En ce qui concerne la section des sciences médicales, les présentations de malades ne sont pas admises en séance.

7° Les communications lues en séances seront publiées *in extenso* (ou en résumé sous la surveillance du Comité).

8° Les manuscrits doivent être remis au président de la section avant la fin du Congrès, faute de quoi une simple analyse en sera publiée.

Il est rédigé, séance tenante, une lettre d'invitation qui servira de carte d'entrée aux séances du Congrès et qui sera adressée par les soins de chacune des sociétés savantes d'Angers à ses membres et aux personnes susceptibles de prendre part aux travaux du Congrès.

La cotisation pour le banquet est fixée à 10 francs.

M. le Président informe que, seule, la Compagnie des chemins de fer de l'Anjou accorde une réduction de 50 o/o sur ses tarifs aux congressistes.

La prochaine réunion est fixée au jeudi 6 juin.

L'ordre du jour étant épuisé, la séance est levée.

Th. SURRAULT.

Séance du 6 juin 1895

Présidence de M. Préaubert

Après lecture du procès-verbal, la Commission règle les dernières mesures à prendre pour la tenue des séances du Congrès, telle que publicité dans la presse, appropriation du local pour les séances des sections, affichage des jours et heures des séances, mesures relatives à l'excursion finale et au banquet, etc.

M. le Président fait savoir qu'après entrevue et lettres échangées, les conférences publiques du soir au local de l'Exposition se succèderont d'après l'ordre suivant :

Jeudi, M. l'abbé Hy, *Les Roses*

Vendredi, M. le docteur Gariel, *La traction par l'électricité.*

Samedi, M. Édouard André, *l'Art des Jardins.*

M. Magne, qui devait avoir une part active dans cette série de conférences, empêché pour le moment, accepterait de prendre la parole dans le courant de juillet.

L'ordre du jour étant épuisé, la séance est levée.

Le Secrétaire,

TH. SURRAULT.

ASSISES DU CONGRÈS

Le jeudi 13 juin a été consacré aux sciences médicales et pharmaceutiques, sous la présidence de M. le docteur Gripat, président de la Société de Médecine d'Angers. Dans la première séance, de 9 heures à midi, ont été exposés les travaux ayant trait à la chirurgie.

Une seconde séance, à 8 heures du soir, a réuni les communications relatives à la médecine et la pharmacie.

A 5 heures de l'après-midi, M. l'abbé Hy s'est fait entendre dans la salle des conférences de l'Exposition et a exposé les caractères fondamentaux du genre *Rosa* et de ses grandes divisions, en insistant pour terminer sur l'intérêt que présente l'hybridation naturelle et artificielle dans ce genre, qui est un des plus complexes du règne végétal.

Un grand nombre de spécimens de roses coupées servaient de témoignage de démonstration à cette très intéressante conférence.

La journée du vendredi 14 juin a été employée, le matin, à l'audition des communications relatives aux sciences appliquées, sous la présidence de M. Bouchard, secrétaire de la Société Industrielle.

Dans l'après-midi, deux visites industrielles ont été faites ; d'abord, chez M. Cointreau, grand distillateur de notre ville. Sous la conduite du chef de l'établissement, il a été possible de voir de près les derniers perfectionnements apportés à l'art de la distillation et se rendre compte *de visu* des explications données le matin même dans sa communication par notre concitoyen.

Ensuite, les membres du congrès se sont transportés à l'usine de l'*Ecce Homo*, appartenant à MM. Max Richard et Cie. M. Neveu a dirigé la pérégrination à travers les magasins et ateliers successifs, et on a vu se dérouler toutes les transformations progressives que subissent les matières premières : chanvre, jute, aloès, etc., pour passer aux formes définitives de fil, ficelle, corde, câble, toile à voile.

Les congressistes ont témoigné par leurs remerciements tout l'intérêt qu'ils ont ressenti à la visite de ces deux grands centres de notre industrie locale.

Le soir, à 8 heures 1/2, M. le docteur Gariel, professeur à l'École de Médecine de Paris, membre de l'Académie de Médecine, a développé à la salle des conférences de l'Exposition les traits essentiels de la question de l'emploi de l'électricité dans la traction des chemins de fer et tramways. Les divers systèmes employés ou proposés ont été étudiés et mis en parallèle avec les autres moyens de locomotion. D'intéressantes projections à la lumière électrique sont venues compléter ce remarquable exposé.

Le samedi 15 juillet a été la journée des sciences pures sous la présidence de M. le docteur Maisonneuve, professeur à la Faculté des sciences d'Angers, membre de la Société Industrielle.

La séance du matin ayant été insuffisante pour l'exposé de tous les travaux, une reprise fut décidée à 4 heures du soir.

La journée s'est terminée par une remarquable conférence de M. Édouard André, sur l'*Art des Jardins*. Le conférencier, après avoir exposé les divers systèmes adoptés successivement depuis les anciens dans la création des jardins, indique les grandes lignes dont on ne doit pas s'écarter pour obtenir un effet heureux et termine en proposant comme exemples quelques-uns de ces effets naturels grandioses comme il a pu en contempler dans ses voyages en Amérique ; des projections photographiques permettent de se transporter par imagination dans les régions décrites par le conférencier.

Dimanche 16 juin

La journée appartient à l'excursion finale et au banquet.

La première partie du programme a été décrite dans nos journaux, en excellents termes, par un de nos congressistes, ampélographe distingué, M. Bouchard ; le mieux est de reproduire textuellement son compte rendu :

Conférence-Promenade Ampélographique, Botanique et Géologique

La session du Congrès des Sociétés savantes a été clôturée par une excursion à la fois ampélographique et botanique à travers les coteaux de Savennières et de La Possonnière.

Partis dimanche matin à 5 h. 45, sous la conduite de M. A. Bouchard, délégué au service de viticulture et de M. G. Bouvet, directeur du Jardin Botanique d'Angers, les explorateurs descendaient à la gare des Forges et s'engageaient aussitôt dans les vignobles.

Après avoir examiné tout d'abord la situation des anciennes vignes françaises encore plus ou moins résistantes au phylloxéra, ils voyaient les parcelles reconstituées avec des vignes américaines greffées et constataient des écarts apparents entre la végétation des unes et des autres, écarts qui provenaient de ce que l'on avait planté sans examen suffisant des greffes mal soudées.

Ils trouvaient aussi quelques cas de pourridié des racines et des effets négatifs d'affinité entre greffon et sujet.

Et, faut-il le dire, ils voyaient encore des greffes que l'on assurait être montées sur Solonis ou sur Rupestris Martin, dont les racines indiscrètes révélaient par leur travail de drageonnement des formes de Riparia ou de Rupestris déclassées, et M. A. Bouchard prenait prétexte de ces constatations pour faire remarquer combien il était important pour le vigneron d'avoir des pieds-mères chez lui et de faire lui-même ses greffes. Entre temps, botanistes et entomologistes recueillaient de ci et de là quelques plantes intéressantes et étudiaient le travail instructif du *Rhynchites Betuleti* (Attelabe, Cigarier), qui, pour abriter ses œufs, qu'il dépose sur les pampres, roule ceux-là, en cigare, en alternant les replis de façon que chaque œuf est en quelque sorte dans une cloison isolée.

Pour atteindre ce résultat, le *Cigarier* pique le pédoncule à son point d'attache au limbe; cette piqûre empêche, arrête le passage de la sève dans la feuille, celle-ci se ramollit, et l'insecte peut alors la rouler au gré de ses besoins et assurer la protection à sa progéniture.

M. A. Bouchard montre aussi des hiéroglyphes que l'*Adoxus Vitis* (Écrivain, Gribouri) trace sur les pampres.

Tant que l'écrivain se borne à écrire ses lettres sur les feuilles, il n'y a que demi-mal ; mais s'il se plaît à passer des dépêches sur les grains, ses dégâts prennent une toute autre importance.

Il était dans le cadre du programme de cette excursion de la section des sciences appliquées de goûter les vins rouges et blancs des coteaux de Savennières.

M. le baron Brincard s'était réservé le chapitre de la dégustation des vins de la Bizolière; il l'avait divisé en plusieurs paragraphes, fins et bouquetés.

Nous ne saurions trop remercier M. le baron Brincard de cette délicate attention à l'égard des membres du Congrès, auxquels il avait ouvert également les portes du superbe parc de la Bizolière.

Autour de l'étang, les botanistes ont eu le bonheur de trouver un sujet assez rare, et que Boreau n'avait signalé exister que dans les mares de Juigné-sur-Loire.

M. A. Bouchard fait aux membres du Congrès les honneurs de l'école départementale d'adaptation des vignes américaines, créé par le Conseil général.

Cette œuvre du Conseil général, appelée à rendre de grands sacrifices aux vignerons, est divisée de la façon suivante :

1° École botanico-ampélographique, qui comprend les espèces de vignes américaines et leurs hybrides naturels, sélectionnés en France dans les envois de sarments venus d'Amérique, et les hybrides obtenus par croisements artificiels, résultant des sélections faites dans les semis de leurs pépins ;

2° Une école d'hybrides, franco-américains créés en France depuis 1880 et qui ont résisté aux épreuves du phylloxéra et du calcaire au cours des sévères sélections auxquelles leurs semis de pépins ont été soumis ;

3° Une école de relation d'affinité et de résistance au phylloxéra entre espèces américaines sauvages, hybrides américains et hybrides franco-américains, greffés avec des variétés françaises cultivées dans le département;

4° Un carré contenant 700 pieds mères d'espèces américaines et d'hybrides destinés à fournir des boutures aux communes qui veulent créer des champs d'observation et aux vignerons qui veulent, eux aussi, avoir un champ d'expériences.

M. A. Bouchard a pu montrer ainsi, aux visiteurs de l'École départementale, les effets très apparents d'adaptation et de relations d'affinité sur le Rupestris, le Vialla, le Riparia, le Jacquez, l'York, le Solonis, le Gamay-Couderc, le Vialla $\times$ Riparia, le Solonis $\times$ Riparia, le Riparia $\times$ Rupestris, le Bourrisquou $\times$ Rupestris, etc., etc., portant le même greffon.

En quittant l'École départementale, on visite une plantation de trois hectares à M. le baron Brincard ; elle est pour mi-partie à sa troisième feuille et pour le reste en plantation du printemps. Là encore on peut observer que les greffes sur Solonis ont une végétation étrange quand leurs voisines sur Rupestris sont superbes.

Au cours de cette promenade instructive, M. A. Bouchard signale sur plusieurs ceps l'antrachnose déformante des feuilles et des bourgeons.

De même, le *Roncet* (Persillé, Court noué), affection caractérisée par des rameaux droits, noués courts, des feuilles petites à lobes et à dentelures plus profonds que ne le comporte la variété en bonne santé. Souvent ces caractères extérieurs sont complétés par des altérations intérieures de couleur brunâtre ou noirâtre, pointillées, qui annoncent ce que l'on appelle la dartrose ou gommose.

Onze heures sonnent, l'estomac réclame ses droits. Un déjeuner a été préparé à l'hôtel du Lion-d'Or, par Mme Belliard, pour les membres du Congrès. Il est tout simplement succulent, ce déjeuner, et arrosé du bon vin du cru.

Mais on ne peut s'attarder aux délices de la table.

La botanique réclame ses droits. Donc en route pour La Possonnière. Le chemin est superbe, pittoresque, bien ensoleillé, de l'air avec cela. Temps parfait pour deviser, tout en cherchant la plante rare.

M. le comte de Romain a invité les excursionnistes à faire étape au château de La Possonnière.

L'accueil le plus aimable et le plus gracieux les attend dans cette demeure hospitalière. Ils sont reçus par Mme la comtesse et M. le comte de Romain, entourés de leurs enfants.

Après avoir versé dans les coupes le vin du clos de Saint-René — récolte de 1884, — vin exquis s'il en fut jamais — M. de Romain fait les honneurs du vieux parc. Sous les ombrages des grands arbres, les botanistes explorent le duvet de la terre, que protège l'épaisse feuillaison contre les rayons du soleil.

A côté de ses arbres séculaires qui lui donnent la note pittoresque et charmante, le parc de M. de Romain garde aussi des curiosités archéologiques, telles que la chapelle de Saint-René, précieux restes des anciennes époques angevines.

Le massif éruptif de la Grande-Roche, près Laleu, est le point de ralliement des botanistes. Ils espèrent y rencontrer M. l'abbé Hy, que ses devoirs ont retenu à Angers le matin. Leur espoir est déçu, le savant professeur n'a pu rejoindre la caravane.

Sur la Grande-Roche, M. Foucaud, chef du Jardin Botanique de la marine à Rochefort-sur-Mer, auteur de la Flore de France, publiée en collaboration avec M. Rouy, recueille le *Sedum Andegavense*, qui porte de petites fleurs blanchâtres, alternant le long des rameaux, jolie petite plante toute locale, bien angevine, assez commune sur les schistes de l'Anjou, mais qui, en dehors, ne se retrouve plus qu'en Corse et en Espagne dans de rares localités.

M. Davy, ingénieur des mines, est de l'excursion. Il a fait à la section des sciences pures une très intéressante communication sur la faune quaternaire de la vallée de Chaudefonds et de non moins instructives observations sur les sables du pliocène dans la Loire-Inférieure (forêt du Gavre). Il va reconnaître, avec son coup d'œil d'expert géologue, que le massif porphyrique des grandes roches est loin d'être de formation homogène, comme on l'avait cru jusqu'à présent.

Sa formation est, au contraire, de nature très complexe. C'est là une constatation importante et qui ne saurait manquer de donner lieu à des études nouvelles et attentives.

Cette première conférence-promenade à objectifs multiples a été marquée par plusieurs côtés intéressants, comme on peut le voir. Nous souhaitons qu'elle soit la préface de beaucoup d'autres entreprises d'un commun accord par tous ceux que la science intéresse, quelle que soit la forme dont elle se revêt.

C'est l'effort commun, c'est la collectivité du travail et de l'étude qui mettront en lumière, certainement, bien des points de l'histoire scientifique et littéraire de notre Anjou qui sont, jusqu'à présent, demeurés dans l'ombre.

La parole appartient encore à notre aimable collègue pour résumer la terminaison de la journée, le banquet et les toasts :

Le Banquet — Les Toasts

A leur retour de la conférence-promenade de dimanche,
M. le président Préaubert, les présidents des sections et
membres du Congrès scientifique se retrouvaient autour
d'une table, fleurie de roses angevines, dressée dans
l'un des salons de M. Jahan.

Le Vatel d'Angers, sachant qu'il avait affaire à de bons
pères de famille, leur a offert l'un de ces menus dont il a
le secret et qu'avec une attention toute délicate il avait su
encadrer de vins généreux, dans la gamme desquels la
note la plus grave avait été réservée aux vins de notre
Anjou, si riche et si fertile en ses produits exquis, qu'il
doit à son climat, et à sa terre généreuse et active.

Voici ce menu confortable et réconfortant.

Potage d'Argenteuil
Turbot de Dieppe sauce Joinville
Anjou sec

—

Jambon d'Yorck Porte-Maillot
Canetons nouveaux aux petits pois
Chaufroid de Poulardes
Chateau-Citran 1884
Champigny 1893 — Cristal

—

Ortolans (réserve) rôtis sur canapés
Salade de saison
Bonnezeaux 1870

—

Haricots verts à l'anglaise
Écrevisses au vin de Briollay
Glace Santiago
Champagne frappé

—

Dessert

Au moment psychologique, les toasts se succèdent, comme les fusées lumineuses d'un feu d'artifice.

M. le président Préaubert se lève et porte le toast suivant :

« Messieurs,

« Je lève mon verre à MM. les Congressistes qui ont honoré nos assises scientifiques par leur présence et par leurs savantes communications, et à MM. les Conférenciers qui ont traité avec tant de talent les sujets les plus variés.

« Je porte particulièrement un toast de remerciement à mes dévoués collaborateurs, MM. les Membres de la Commission d'organisation et les Présidents des sections qui m'ont si vaillamment secondé.

« Car si j'ai rempli les fonctions du pouvoir exécutif, c'est bien la Commission d'organisation qui a été l'âme inspiratrice du Congrès et c'est grâce à l'entente parfaite qui a toujours régné entre nous que nous avons pu mener à bien l'œuvre entreprise en commun.

« Messieurs, lorsque les Sociétés savantes d'Angers, sur la proposition de la Société d'Études Scientifiques d'Angers, ont pris l'initiative de la réunion d'un Congrès scientifique à Angers, notre premier but était de coopérer, dans la mesure du possible, à l'éclat de l'Exposition nationale d'Angers.

« Mais nous en poursuivions une autre en même temps, c'était d'établir des liens de fraternité entre les hommes de science de notre région, liens qui existent par nature à l'état latent entre personnes qui s'adonnent à l'étude de la science et qu'il s'agissait de resserrer.

« J'ai la conviction que grâce au concours de tous

ceux qui ont pris part à notre œuvre, nous avons pu
arriver à réaliser notre double programme.

« Pendant ces trois derniers jours, nous avons vu,
dans les séances de section, la présentation de travaux
originaux les plus variés et les plus remarquables, traitant
des sciences en général ou de questions d'intérêt plus
spécial à notre région.

« Prochainement un Bulletin réunira les divers Mé-
moires et viendra témoigner de l'activité des savants de
notre département et de l'estime que professent pour
notre centre scientifique les savants des régions voisines.

« Nous avons eu l'agrément et l'honneur d'entendre
pendant nos soirées des conférenciers éminents, qui
nous ont charmés à la fois par leur art de bien dire et
par le développement de questions du plus haut intérêt
théorique ou pratique.

« Enfin une excursion, que le temps a favorisée et qui
laissera à ceux qui y ont pris part les plus agréables
souvenirs, est venue compléter très heureusement nos
travaux des jours précédents.

« Sous la savante direction de notre collègue, M. Bouchard, la première partie de la journée a été consacrée à
l'exploration des vignobles anciens en divers états de
décrépitude, aux essais souvent heureux de reconstitution
et à la visite à la pépinière départementale.

« Là nous avons été émerveillés de la quantité considérable de spécimens botaniques et viticoles accumulés
avec science et patience et cultivés avec un soin jaloux
par notre collègue. Nos cultivateurs puiseront là des
renseignements précieux qui leur éviteront des déceptions
et leur permettront de marcher avec assurance dans la
voie nouvelle.

« Une conférence sur place de M. Bouchard a été écoutée avec le plus vif intérêt.

« Le reste de la journée, quoique un peu court, a été employé fructueusement par les naturalistes à l'exploration de la vallée de l'Alleu.

« Je ne saurais passer sous silence la cordiale réception de M. le comte de Romain, dans sa propriété de La Possonnière.

« Invités dès le début du Congrès à nous arrêter un moment chez lui, nous avons été accueillis avec l'amabilité charmante que connaissent tous ceux qui sont en relation avec M. de Romain.

« Et maintenant, Messieurs, pour terminer permettez-moi d'insister sur le résultat philosophique de notre Congrès.

« Nous nous sommes trouvés pendant ces trois jours réunis côte à côte, dans une même pensée de recherche de la vérité scientifique, après avoir banni spontanément tout sujet qui pouvait nous diviser.

« Si j'en juge par ce que j'ai ressenti moi-même, il y a eu une sorte de satisfaction générale dans ce concert d'efforts tendant vers un même but, comme une sorte de bien-être de l'homme qui se trouve dans son vrai milieu.

« C'est que la Science, plus encore que les Lettres et les Arts, présente cet immense avantage d'être un terrain d'union. Quoi qu'on ait pu dire d'elle, il est bien certain que c'est elle qui rapproche le plus les hommes ; les prodigieuses découvertes modernes en témoignent surabondamment.

« Et si plus tard, dans un avenir que nous nous efforçons de croire heureux, les questions troublantes de nationalités et de races parviennent à être résolues, ce sera par l'intermédiaire de la Science. La Science deviendra le langage universel et celui de la raison.

« Certains esprits audacieux n'ont-ils même pas songé à établir des intercommunications entre notre planète et nos frères hypothétiques des mondes célestes ? Et comment procèderaient-ils ? à l'aide de figures géométriques tracées sur la terre, c'est-à-dire par le langage scientifique.

« Sans nous arrêter à de pareilles conceptions et en restant dans le domaine des choses immédiates qui nous entourent, nous pouvons dire que la Science moderne est l'élément vital par excellence de l'homme moderne et comme sa finalité ; elle lui est indissolublement liée.

« En cultivant les sciences, nous obéissons à une sorte d'impulsion naturelle, à la destinée supérieure que la Nature a réservée à l'homme en le créant digne de la connaître, de la comprendre et de l'aimer. Et c'est parce que nous aimons la Nature et la Science que nous nous trouvons réunis en ce jour une dernière fois, avant de nous séparer. »

A ce toast très applaudi, ai-je besoin de le dire, M. le Dr Gripat, président de la section des Sciences médicales, va au-devant des vœux de tous les convives en portant un toast à M. Préaubert :

« Messieurs,

« Laissez-moi compléter le toast de notre président.

« En remerciant ceux qui ont pris part aux conférences et au Congrès scientifique, il n'a oublié qu'un nom, le sien. Et pourtant, qui donc a plus fait que lui pour le succès des unes et de l'autre ? C'est lui qui a été le promoteur et l'âme du Congrès en particulier, et c'est toujours à lui qu'on a eu recours quand on a eu besoin de ceci ou de cela. « Monsieur Préaubert, il nous faudrait telle chose ; Monsieur Préaubert, nous manquons de telle autre. » Nous l'avons mis à toutes les épreuves et nous l'avons toujours trouvé prêt à nous être utile. Il serait donc souverainement injuste, Messieurs, si le Congrès a réussi et si les conférences ont du succès, de n'en pas reporter tout le mérite à notre président, trop modeste, en vérité.

« Aussi je bois à sa santé ! »

M. le Dr Maisonneuve, président de la section des Sciences pures, prend ensuite la parole en ces termes :

« Messieurs,

« Laissez-moi vous dire tout le plaisir que j'ai ressenti ces jours derniers, et particulièrement dans les deux séances de la section des Sciences pures, que j'avais l'honneur de présider, en voyant la belle entente, la bonne harmonie qui n'a cessé de régner au milieu de nous.

« Quels que soient la ville, le département, la province, le collège ou la faculté d'où nous sommes venus, la plus aimable cordialité a toujours présidé aux discussions, en même temps que se sont nouées d'amicales relations entre personnes qui se voyaient pour la première fois et que l'amour de la science avait fortuitement rapprochées. — Pas une note discordante ; entente et sympathie parfaites : tel a été le mot d'ordre auquel chacun a spontanément obéi.

« A elle seule, la science a suffi à produire un aussi excellent résultat, et nous devons lui en être, n'est-il pas vrai, profondément reconnaissants.

« Permettez-moi donc, Messieurs, de boire à la réalisation de plus en plus complète d'un souhait qui m'est cher : à l'union de toutes les bonnes volontés et de toutes les intelligences... dans la science. »

M. A. Bouchard, président de la section des Sciences appliquées, succède à M. le Dr Maisonneuve :

« Je remercie, Messieurs, dit M. A. Bouchard, notre savant et dévoué président des compliments qu'il veut bien adresser à l'École départementale de viticulture de Savennières, qui a sa sœur à Chacé au milieu des tufs du Saumurois.

« Il est flatteur pour l'œuvre ampélographique départementale d'être honorée par M. Préaubert, si expérimenté dans toutes les branches des sciences naturelles, et dans une réunion d'hommes qui représentent toutes les branches de la science.

« Ces bonnes paroles me rappellent, Messieurs, que je suis parmi vous le représentant de la vigne, c'est-à-dire du plus riche fleuron de la fortune de l'Anjou. Je m'explique : Au moment de l'invasion phylloxérique, 55.000 hectares étaient couverts de vignes, leur produit moyen s'élevait à 30 millions de francs, alors que le blé cultivé sur 160.000 hectares, c'est-à-dire sur une superficie trois fois plus grande, ne rapporte que 38 millions de francs à ses cultivateurs.

« Si la vigne donne plus de soucis et demande plus de soins attentifs, elle donne aussi le plus d'argent, mais elle apporte encore en retour le plaisir que vous venez d'éprouver en goûtant, bien modérément, ses produits exquis.

« Sa générosité s'étend jusque dans ce vin mousseux et léger qui remplit nos coupes, parce qu'il est tout angevin, lui aussi. La vigne mérite, pour toutes ces raisons, la sollicitude de notre Assemblée départementale, et ceux d'entre vous qui sont venus à Savennières, ont pu voir qu'elle ne lui manquait pas.

« Je porte un toast, Messieurs, à la reconstitution des vignobles de l'Anjou. »

M. Labesse, président de la section des Sciences pharmaceutiques, porte un toast à M. le docteur Gripat et le remercie du talent avec lequel il a gouverné les discussions de la section des Sciences médicales.

M. le docteur Gripat répond au toast de M. Labesse par les paroles suivantes :

« Messieurs,

« Si notre Congrès médical a eu du succès, il faut en remercier non seulement les Angevins qui y ont pris part, mais encore et surtout nos collègues et nos amis qui sont venus s'adjoindre à nous des villes voisines, du Mans, de Tours, de Nantes et d'ailleurs, et nous apporter des travaux si intéressants. Ici même je me plais à saluer un de nos convives dont je n'ai pas eu le plaisir d'entendre les communications; mais j'en connais le mérite par tout le bien qu'on en dit. Messieurs, aux membres étrangers du Congrès ! »

Au moment où bouillonne la question du droit des bouilleurs de cru et celle du monopole de l'alcool, il nous a paru opportun de savoir l'opinion de M. Cointreau qui avait, la veille, si gracieusement fait les honneurs de son superbe outillage de distillation aux membres du Congrès. Provoqué, il répond très spirituellement en ces termes :

« Messieurs,

« M. Bouchard me donne la parole ; je ne l'ai pas demandée et je suis bien embarrassé pour répondre à son invitation.

« Que dire, en effet, après les toast portés précédemment par tous les conférenciers, docteurs, savants et professeurs qui entourent notre aimable président, M. Préaubert ! moi qui ne suis ni professeur, et encore moins docteur ou savant?

« Nous ne sommes pas ici en Belgique, ni en Hollande, et ce qui s'y passe en pareille circonstance ne saurait être de mise chez nous.

« Il me souvient, en effet, qu'appelé en 1894 au jury de l'Exposition d'Anvers, je fus, la veille de notre départ, invité à dîner par l'un de nos aimables vice-présidents, le hollandais Schmidt, propriétaire de l'importante fabrique de liqueurs Fokink. Au dessert, comme c'est l'usage en ces pays, chacun des convives prit la parole, et tous portèrent des toasts chaleureux à l'amphitryon, sans oublier les congratulations mutuelles. Chacun y alla de sa larme, et il arriva même, dans la chaleur de l'action, que si le voisin qui venait de parler trouvait que son successeur n'accentuait pas suffisamment son discours, il lui coupait lui-même la parole et terminait lui-même le toast commencé. Le champagne aidant, nous parlions bientôt tous à la fois. Une pareille pratique simplifie joliment les choses, et là-bas point n'est besoin qu'on vous donne la parole pour la prendre.

« Loin de moi la pensée d'introduire chez nous de pareilles coutumes, mais on n'en est que plus embarrassé si on vous la donne sans l'avoir demandée.

« Pourtant, Messieurs, puisque me voilà debout, puisque j'ai dans la main la coupe remplie d'un vin généreux, vaisseau naturel de l'alcool, permettez-moi de lui porter un toast, à ce pelé, ce galeux, si fort houspillé en ce moment par nos législateurs :

« A l'alcool, que j'ai osé défendre dans vos conférences,

et qui, espérons-le, sortira de la lutte triomphant, vainqueur et purifié ! »

M. le Dr Descoings se lève à son tour et, après s'être associé aux remerciements et félicitations qui viennent d'être adressées à chacun, il poursuit :

« N'appartenant pas à l'état-major auquel revient l'honneur du complet succès de notre Congrès, il m'est d'autant plus facile de congratuler tous ceux qui l'ont assuré : initiateurs, créateurs, organisateurs et directeurs. Non seulement les congressistes présents au banquet de clôture, mais tous ceux qui n'ont point la joie de s'y trouver, partagent assurément l'opinion, si bien exprimée tout à l'heure, que les séances ont été toutes fort intéressantes et charmantes, et que l'union la plus sincèrement confraternelle n'a cessé d'y régner.

« Nous connaissons l'utilité générale de ces Congrès locaux, excellente œuvre de décentralisation. Pourquoi la Commission, qui a si bien réussi cette première expérience à Angers, ne resterait-elle pas constituée à l'état de commission permanente ? et pourquoi ne nous réunirait-elle pas de nouveau, à des intervalles qu'elle jugerait convenables — en tous cas, aussi courts que possible, d'année en année, par exemple ?

« Je bois donc, Messieurs, aux futurs Congrès, *au prochain* Congrès scientifique, à ANGERS ! »

Après ces vœux, ces toasts familiers et confraternels, il faut songer à rompre le rang, à abandonner ces agapes amicales, qui, il faut le souhaiter, ne seront que la préface de beaucoup de chapitres, et durant lesquelles l'esprit angevin a été le meilleur des régals.

SECTION DES SCIENCES MÉDICALES

COMPTE RENDU

Le jeudi 13 juin, à 9 heures du matin, le Congrès scientifique d'Angers s'ouvrait par la réunion en assemblée plénière des médecins et pharmaciens de Maine-et-Loire et des départements voisins, sous la présidence d'honneur de M. le Dr Guignard, maire d'Angers; de M. le Dr Legludic, directeur de l'École de médecine; et de M. Préaubert, président du Congrès. Au bureau étaient assis : M. le Dr Gripat, président de la Société de médecine, et M. Labesse, président de la Société de pharmacie, entourés des secrétaires, MM. les docteurs Quintard, Royer, Lepage et Girard, pharmacien.

Après une courte allocution du président, remerciant les membres du Congrès d'avoir bien voulu apporter de si nombreux travaux que le temps doit être forcément ménagé avec parcimonie à tous, la parole est donnée à M. le Dr Atgier, médecin militaire, pour décrire le procédé et l'instrumentation qui lui ont servi avec succès pour guérir les *abcès du foie par l'hépatotomie*.

Viennent ensuite deux anciens élèves des plus distingués de l'École de médecine d'Angers, M. Henry Delagénière, du Mans, ajoutant à sa riche collection de succès *dix*

nouveaux cas d'hystérectomie vaginale totale ; et Paul
Delagénière, de Tours, avec ses *7 cas de néphror-
rhaphie pour reins mobiles,* guéris grâce à un excellent
procédé de suture.

M. le Dr Dezanneau leur succède avec une remarquable
note sur l'*appendicite et la pérityphlite,* et particulièrement sur l'opportunité et les moyens d'opérer dans ces
affections redoutables et si communes. La critique judi-
cieuse et savante du praticien expérimenté porte une
vive lumière dans cette question toute d'actualité.

Après le maître, l'élève, mais un élève déjà passé
maître. M. le Dr Monprofit, dans une improvisation
rapide et colorée, a discuté la ques'.on de la *symphyséotomie,* apporté deux observations intéressantes, présenté
même une récente opérée, tout en discutant particulièrement sur la facilité de faire l'opération avec un moindre
luxe instrumental que celui préconisé par MM. les professeurs Farabeuf et Varnier. Puis il a abordé la question
de l'*opération césarienne,* afin de démontrer quel est le
souci des chirurgiens modernes de sauver à la fois et la
mère et l'enfant.

Un sympathique confrère du Mans, M. le Dr Mordret,
expose de judicieuses considérations sur la *gastrostomie*
faite chez un homme porteur d'un cancer de l'œsophage,
afin de permettre la survie d'un malade voué à une mort
prompte par inanition. Là où la chirurgie ne saurait pré-
tendre à être curatrice, elle doit au moins se montrer
soucieuse de soulager, de prolonger les malades.

La séance consacrée à la chirurgie se termine par la
démonstration faite par M. le Dr Vaslin des heureux
résultats qu'il a obtenus depuis plusieurs années par ses
résections orthopédiques, pour remédier à des pieds-bots.
De nombreux plâtres pris sur des membres opérés avec

succès, plus que des promesses et des paroles, ce sont là des faits palpables et encourageants.

La seconde séance, consacrée à la médecine et à la pharmacie, commençait le soir du même jour, à 8 heures.

M. le Dr CHARIER ouvre le feu en traitant de l'*asepsie du milieu obstétrical*, des multiples dangers qui entourent la femme en travail, des multiples moyens de les éviter. Puis il lit une note intéressante sur *le danger de l'intoxication saturnine par le chauffage avec de vieux bois peints.*

Les hasards de l'ordre alphabétique rapprochaient de cette note, heureusement pour la discussion, une communication de M. le Dr CHEVALIER, de Segré, sur l'*empoisonnement par du petit lait conservé dans des plats vernis à la galène.* Pour éviter le retour de ces accidents, malheureusement trop fréquents quand on use, pour conserver des liquides susceptibles de s'acidifier, de plats mal vernissés et cuits insuffisamment, l'assemblée est d'avis que l'autorité publique devrait exiger l'apposition, sur tous vases vernis, du cachet du fabricant, afin qu'on puisse remonter à l'auteur responsable de l'accident.

M. GAUDIN, pharmacien, fait, dans une note concise et substantielle, la description d'un appareil aussi simple que pratique et sûr, pour préparer l'*oxygène médical*, si nécessaire souvent pour sauver la vie de malheureux prêts à mourir en état de suffocation.

Si les antiseptiques sont nombreux, c'est en pareille matière qu'il est bon de dire qu'abondance de biens ne nuit pas. Un pharmacien de Nantes, M. GROSSERON, présente un produit, qu'il a nommé le *fluoral*, pour indiquer d'un seul coup sa provenance du fluorure de calcium et ses propriétés hygiéniques. De nombreux corps putrescibles mais bien conservés dans le fluoral passent sous les yeux de l'auditoire. Après le fluoral, l'*osmol*, produit complexe fait de la réunion d'un certain nombre d'essences végétales, destiné à la désinfection des locaux habités par les malades et aussi à parfumer savons et eaux de toilette.

Un consciencieux secrétaire d'une Société de secours mutuels d'Angers, M. Decuillé, fait un remarquable *essai de statistique des maladies traitées* dans ladite Société des employés de la ville d'Angers. M. le Dr Jagot a bien voulu donner aux tableaux statistiques plus d'intérêt en expliquant leur signification. Le travail de M. Decuillé, au point de vue documentaire, est des plus intéressants, malgré son aridité.

La recherche du taux de l'*albumine dans l'urine* est un des plus grands soucis du clinicien, tant au lit du malade que dans son cabinet. Depuis un bon nombre d'années il se fiait à l'albuminimètre d'Esbach, convaincu de son infaillibilité, ou du moins de sa sûreté d'approximation. Or, comme l'a démontré M. Labesse, rien de moins sûr que cet appareil qui donne souvent des précipités considérables là où il y a peu d'albumine et réciproquement. Il faudra donc, de toute nécessité, recourir au chimiste de laboratoire quand on voudra être sûr du quantum de l'albumine contenu dans l'urine.

La statistique, une seconde fois, fait ses preuves. M. le Dr Motais a recueilli méthodiquement les faits divers observés dans son dispensaire et lit une note fort instructive sur *les maladies des yeux en Anjou.*

La séance est clôturée par un travail de M. le Dr Petrucci, directeur de l'asile de Sainte-Gemmes, sur *l'internement des aliénés criminels,* mémoire tout d'actualité, que feront bien de méditer également et nos législateurs et les gens qui se trouvent en contact avec ces maniaques trop souvent jugés inoffensifs et qui pourtant, les chroniques des journaux le prouvent surabondamment, jouent trop souvent du poignard ou du revolver sur de pauvres innocents que leur imagination détraquée a transformés en ennemis mortels.

Quelques mots de remerciements du président et le Congrès médical était clos.

L'essai d'un Congrès médical en province, aux dépens des seules ressources de la région, était sans doute dangereux. Puisqu'il a réussi et réussi au-delà de toute espérance, il est de nature à encourager de nouveaux essais semblables de décentralisation scientifique.

TENUE DES SÉANCES

13 Juin. — SECTION MÉDICALE

Présidents d'honneur : M. le Dr Guignard, maire d'Angers.

M. le Dr Legludic, directeur de l'École de Médecine et de Pharmacie.

Président : M. le Dr Gripat, président de la Société de Médecine d'Angers, professeur suppléant à l'École de Médecine, correspondant de la Société de Chirurgie.

Vice-Président : M. Labesse, président de la Société de Pharmacie, professeur suppléant à l'École de Médecine.

Secrétaire général : M. le Dr Quintard, secrétaire général de la Société de Médecine.

Secrétaires des séances : M. le Dr Lepage, chef de clinique médicale à l'École de Médecine.

M. le Dr Royer, chef de clinique obstétricale à l'École de Médecine.

M. Girard, pharmacien de 1re classe.

Se sont inscrits sur le registre de présence :

MM. Legludic, Gripat, Préaubert, Maisonneuve, Quintard, Labesse, Lepage, Royer, Girard, Vaslin, Atgier, Mordret, Delagenière Henri, Delagenière Paul, Descoings, Leprin, Charier, Monprofit, Guichard fils, Dezanneau, Billet, Cochot, Renard, Martin, Joncheray,

Motais, Petrucci, Catrou Jacques, Catrou Maurice, David, docteurs-médecins ; David, vétérinaire ; David, pharmacien ; Gillibert, Durand-Gréville, Deperrière, Quelin, du Brossay, Goblot, Gamoureau, Gausseron, Thézée, Gaudin, Raimbault, Duchemin, Gilbert, Laurent, Mâreau, Herbert, Chevreul, Baudry, Jagot, Viaud, Jouvance, Mouillien.

Étaient en outre présents de nombreux étudiants en médecine et en pharmacie.

Séance du matin

CHIRURGIE

La séance est ouverte à 9 heures.

Après l'installation du bureau, M. le Président prononce l'allocution suivante :

MESSIEURS,

Les diverses sociétés savantes de notre ville d'Angers vous ont invités à vous réunir en Congrès à l'occasion de notre Exposition nationale.

Parlant plus particulièrement au nom de la Société de médecine et de la Société de pharmacie, je souhaite une bienvenue cordiale à vous tous, nos collègues du département de Maine-et-Loire et des départements voisins, nos compagnons d'études, nos élèves, nos amis, qui avez bien voulu répondre à notre appel et nous apporter les fruits de votre science.

Vous venez affirmer ici que si la province doit toujours avoir l'esprit tendu vers Paris, pour en suivre le mouvement scientifique, pour profiter des immenses ressources de ses laboratoires et de ses hôpitaux, elle aussi peut travailler, méditer, publier avec fruit. Dans cet ordre d'idées, la décentralisation n'est pas un mythe : elle se manifeste de plus en plus dans nos sociétés savantes, dans nos revues et nos journaux, dans nos écoles secondaires. L'œuvre à laquelle vous vous associez aujourd'hui a donc une réelle importance et nous vous remercions de l'avoir si bien compris que la liste des travaux à notre ordre du jour dépasse presque les limites du temps qui nous est départi.

Aussi, sans plus tarder, je vous invite au travail. Mais je ne puis ouvrir ce Congrès sans remercier, au nom de tous, nos honorés confrères qui ont bien voulu en accepter la présidence d'honneur, je veux dire M. le Maire d'Angers et M. le Directeur de l'École de Médecine.

Je ne saurais, sans ingratitude, oublier de remercier aussi M. Préaubert, le très zélé président du Congrès scientifique dont il est l'instigateur ; il a été longtemps à la peine et il faut qu'il soit enfin à l'honneur.

Messieurs, la séance est ouverte.

M. le Dr Atgier, médecin-major au 25e Dragons (Angers), lit le travail suivant :

De l'Hépatotomie

Nouveau traitement des abcès du foie

L'hépatotomie rapide dans l'hépatite suppurée et l'occlusion méthodique du péritoine incisé dans cette opération.

(Résumé succinct et conclusions d'un mémoire lu en 1894 à la Société de Médecine d'Angers.)

Le traitement de l'hépatite suppurée par l'hépatotomie rapide est entré définitivement dans la pratique chirurgicalc depuis que l'antisepsie a donné à cette opération, comme à tant d'autres, une bénignité indiscutable depuis les travaux de Cambray, Dutrouleau et Little.

Ce dernier, qui donna son nom à cette opération, eut 19 morts sur ses 20 premiers cas d'hépatotomie rapide ; mais dès qu'il appliqua à ses opérés le pansement antiseptique, nommé alors le pansement de Lister, il eut 3 succès sur 3 cas.

Donc, avec l'antisepsie, plus d'accidents, pour ainsi dire, telle est la règle dans les cas dépourvus d'adhérences péritonéales au niveau de l'abcès ; mais, dans les cas dépourvus d'adhérences, l'antisepsie n'a pas suffi pour éviter les accidents, et les chirurgiens purent constater les complications suivantes :

1° Introduction du sang ou du pus sceptique du foie dans l'entrebaillement des deux feuillets du péritoine incisé, d'où péritonite suraiguë et mort dans les vingt-quatre heures habituellement ;

2° Hernie épiploïque de la grosseur d'un œuf de poule au travers de l'entrebaillement des deux feuillets du péritoine incisé (*Arch. de Méd. Mil.*, t. VIII, p. 49, 1886) ;

3° Une hernie intestinale au travers des lèvres de l'incision péritonale (*Arch. Méd. Mil.*, t. X, p. 321, 1887) ;

4° L'ouverture des canaux biliaires dans le péritoine, d'où péritonite partielle (*Arch. Méd. Mil.*, t. XII, p. 127, 1889).

La fermeture de cet entrebaillement constitue le seul moyen d'éviter l'unique danger de cette opération dans les cas dépourvus d'adhérences.

En conséquence, les chirurgiens ont recherché, chacun selon leur idée, à effectuer cette fermeture dès l'incision faite, car le foie, une fois vidé du pus qu'il contenait, en plus ou moins grande quantité, se rétracte de bas en haut, et le parallélisme de l'incision de l'organe avec celle des parois abdominales se trouve détruit.

Les uns ont imaginé pour cette fermeture de faire comprimer la région hépatique par des aides pendant l'opération.

D'autres ont imaginé d'introduire des éponges à demeure pendant l'opération.

D'autres, de suturer le feuillet viscéral du péritoine aux parois abdominales. Ce dernier moyen, très difficile du reste, fut souvent infidèle, car la rétraction du foie fit déchirer ces sutures.

Un procédé méthodique de fermeture s'imposait donc, et c'est dans l'intention de le réaliser, que nous avons imaginé pendant notre séjour en Algérie les instruments qui composent la boîte à hépatotomie[1], dont le principal est l'obturateur péritonéal, sorte de canule à hépatotomie, s'adaptant dans l'incision du foie comme la canule à trachéotomie dans l'incision de la trachée, comprimant les parois du foie et de l'abdomen pour fermer l'entrebaillement du péritoine au moyen d'un curseur mobile et de deux palettes mobiles et, enfin, pouvant suivre le foie dans son retrait en restant ainsi en place pendant les quarante-huit heures nécessaires pour obtenir les adhérences péritonéales salutaires.

Les instruments servant à l'hépatotomie doivent être gradués, afin de ne pas dépasser les limites du foyer purulent indiqué par le trocart explorateur gradué lui-même à cet effet ; car, dans un cas où le bistouri avait perforé la paroi postérieure de l'abcès du foie, il se fit une introduction de pus dans le péritoine qui fut fatale.

---

[1] Fabriquée par la maison Mathieu, de Paris, et déposée à l'Exposition d'Angers, dans la vitrine de M. Leyet-Godin, fabricant d'instruments de chirurgie, rue Plantagenet, à Angers.

Nous terminerons en signalant ce que nous a révélé notre pratique personnelle dans les hôpitaux civils et militaires de l'Algérie et à celui d'Alger en particulier, à savoir que les cas d'abcès du foie vastes et uniques reconnaissent pour cause le paludisme, tandis que les cas d'abcès du foie petits et multiples reconnaissent pour cause une dysenterie préalable, comme nous l'avons constaté à l'autopsie de dysentériques rapatriés du Tonkin.

M. le Dr Charier voit dans cette méthode un utile complément de la méthode de Little ; on évite à coup sûr l'entrée du pus dans le péritoine, accident qui, malgré le caractère aseptique attribué à certains abcès du foie, n'en présente pas moins de réels dangers.

M. le Dr Monprofit n'a fait sur le foie qu'une opération de ce genre, les abcès étant moins fréquents ici que dans les pays chauds. Il a fixé le foie à la paroi par des points de suture et évité ainsi l'introduction du pus dans le péritoine. Cela évite l'emploi d'un outillage spécial.

M. le Dr Algier a eu l'occasion d'utiliser et de voir utiliser en Algérie la suture du péritoine viscéral au péritoine pariétal. Cette méthode a donné des succès et des insuccès : des succès pour les petits abcès, des insuccès, au contraire, quand la rétraction du foie est à redouter, car alors la déchirure des sutures peut se produire et permettre l'épanchement du pus dans le péritoine ; il est vrai qu'on a affirmé le caractère aseptique du pus provenant des abcès du foie ; mais il ne faut pas s'y fier, et même le pus des abcès d'origine dysentérique est certainement toujours septique.

M. Delagénière, Henry (du Mans), ancien interne des hôpitaux de Paris, membre correspondant de la Société de Chirurgie de Paris.

Dix nouveaux cas d'hystérectomie abdominale totale pour tumeurs fibreuses de l'utérus. Dix guérisons.

Dans un travail antérieur, publié dans les *Archives provinciales de Chirurgie*[1], et fondé également sur une première série de dix observations, nous nous sommes attaché à démontrer la supériorité de l'hystérectomie abdominale totale sur l'hystérectomie abdominale partielle, c'est-à-dire avec la conservation d'un pédicule, que ce pédicule soit intra-péritonéal, para-péritonéal ou extra-péritonéal. En outre, après avoir passé en revue les principales méthodes d'hystérectomies abdominales totales, nous nous sommes efforcé de mettre en relief le procédé qui nous est personnel et que nous avons désigné sous le nom de *procédé à collerette*. Les dix observations que nous venons vous relater viennent aujourd'hui apporter un nouvel appui à nos premières assertions et nous permettre de régler certains détails de technique, ainsi que nous allons nous efforcer de le démontrer.

Nos dix nouvelles hystérectomies abdominales totales nous ont donné dix guérisons. Cette donnée statistique a son éloquence, d'autant qu'en additionnant nos deux séries, nous avons vingt opérations avec une seule mort. Nous rentrons donc dans la proportion de 5 o/o de mortalité, dont la plupart des chirurgiens actuels semblent se contenter, pour leurs interventions, sur les annexes de l'utérus. Aussi, au point de vue de la gravité opératoire, sommes-nous disposé à émettre cette opinion que l'hysté-

____

[1] *Arch. prov. de Chir.*, juin 94, p. 333.

rectomie abdominale totale pour fibrômes n'est pas une opération sensiblement plus grave qu'une simple extirpation d'annexes, laissant par suite loin derrière elle la méthode extra-péritonéale avec 15,6 et 19,95 o/o, et la méthode intra-péritonéale avec 36,66 et 40,62 o/o.

L'âge de nos opérées a varié de 25 ans à 51 ans. Six avaient dépassé 40 ans, ce qui démontre une fois de plus combien il est fréquent d'observer des accidents chez les femmes atteintes de fibrômes à la fin de la vie menstruelle.

Nous avons noté avec soin dans toutes nos observations l'état général de la malade avant l'opération. Nous croyons que la gravité opératoire est surtout liée à cet état général. Deux de nos opérées présentaient un état général déplorable; chez toutes deux la convalescence fut longue et pénible. Trois d'entre elles, au contraire, étaient en bon état et peu affaiblies et toutes trois supportèrent l'opération avec la plus grande facilité.

L'anémie même très prononcée avec syncopes cardiaques ne nous a pas paru devoir être considérée comme une contre-indication opératoire. Il importe seulement que ces malades n'éprouvent pas, au cours de l'opération, une perte de sang importante. Quant au *choc, dit opératoire,* elles n'y sont pas plus prédisposées que les autres, surtout quand on a recours à l'éther comme anesthésique. L'état d'anémie de certains malades se continue après l'opération pendant un temps variable avec l'âge de la malade, l'ancienneté des métrorrhagies et les traitements médicaux employés. Ces malades guéries opératoirement deviennent des anémiques quelconques et doivent être traitées comme telles.

Nous avons observé chez plusieurs malades (Obs. XII, XIII, XV, XVI, XIX) des phénomènes de compression de la vessie et chez presque toutes ces malades on observait en même temps une diminution notable dans l'émission de l'urine. Chez deux d'entre elles (Obs. XII, XVI) nous avons constaté de la cystite ; enfin, chez deux autres. (Obs. XVII et XIX) il y avait de l'albumine dans les urines. Cette albuminerie n'a pas aggravé le pronostic de l'opération, ce que l'on doit attribuer en partie à l'usage de l'éther comme anesthésique.

Notre dernière malade (Obs. XX) présentait une tumeur à évolution rapide, et l'examen histologique décela l'existence de plaques sarcomateuses. Nous reviendrons plus tard, dans un travail ultérieur, sur ces transformations des fibrômes en tumeurs malignes.

La préparation pré-opératoire de la malade nous a semblé avoir une importance capitale. Chaque fois que cela nous a été possible, nous avons fait prendre des injections antiseptiques pendant un temps variable avant l'opération. Nous préférons la désinfection du vagin avec l'éther iodoformé. Quant au tamponnement serré du vagin, auquel nous avons attribué d'abord une certaine importance pour l'ouverture du vagin, nous l'avons abandonné, en lui substituant un simple tamponnement lâche, destiné à recueillir les liquides sécrétés par le col pendant l'opération.

Quant au procédé lui-même, nous sommes resté fidèle à notre procédé de la collerette, auquel nous avons apporté quelques perfectionnements de détail, notamment pour le tracé de ladite collerette, que nous réduisons autant que possible au feuillet séreux, enfin pour la ligature de l'artère utérine que nous pratiquons sous forme de pédicule.

Nous avons conservé le drainage du cul-de-sac de Douglas et nous avons toujours observé un écoulement considérable de liquide séro-sanguin par le tube pendant les quarante-huit premières heures.

Le poids des tumeurs que nous avons enlevées a varié entre 610 gr et 7 k 500. Le volume de la tumeur ne présente pas une grande influence pour la difficulté de l'opération. Si elle est trop volumineuse et gênante, rien n'est plus facile que de l'amputer au-dessus d'un lien élastique. On termine l'opération comme à l'ordinaire. L'inclusion de la tumeur dans le ligament large (Obs. XII) est une complication opératoire qui n'a pas une grande importance lorsque l'on a recours à notre procédé de la collerette. Il en est de même de l'enclavement (Obs. XI, XIII, XIV, XIX), même s'il s'accompagne de lésions inflammatoires des annexes et d'adhérences pelviennes (Obs. XVI et XVII).

Nous avons toujours pu, sans difficulté, ouvrir le vagin sans avoir recours à aucune manœuvre par la vulve, et cependant (Obs. XIX), dans un cas, le col disséqué mesurait 12 cm de longueur et la tumeur était fortement enclavée. Il en a été de même quand ce col a été effacé (Obs. XVIII), ou quand il a été ramolli, presque friable (Obs. XIV). En un mot, nous n'avons pas rencontré de cas pour lesquels notre procédé ait échoué, et nous pensons même que, pour les cas difficiles et compliqués, ce sera toujours le procédé de choix, en raison de la sécurité absolue qu'il donne à l'opérateur.

Nous allons maintenant rapidement passer en revue les principaux avantages de notre procédé.

L'opération tout entière se fait par l'abdomen, de sorte que l'opérateur ne court à aucun moment le risque de se contaminer les mains en agissant par la vulve. Cet avantage a, à notre sens, une importance tellement grande que nous n'hésitons pas à reléguer au deuxième plan tous les procédés vagino-abdominaux et abdomino-vaginaux, malgré leur logique apparente. Tout par le vagin ou tout par le ventre, telle doit être la règle.

La formation de la collerette, de l'intérieur de laquelle on énuclée l'utérus, est le meilleur moyen d'éviter à coup sûr les blessures de la vessie et des urétères. Pas de mauvaises surprises dans les cas d'anomalie de trajet des urétères, le repère, *le seul*, est le tissu utérin. L'isolement du corps utérin se fait comme celui du col, presque sans transition de l'un à l'autre, avantage énorme pour isoler sûrement les uretères du col utérin, avantage qu'on ne rencontre dans aucun des procédés qui consistent à lier en chaîne les ligaments larges sur les côtés de l'utérus, puis à effondrer les culs-de-sac en avant et en arrière.

De plus, toutes les ligatures destinées à l'hémostase sont placées à l'intérieur même de la collerette, sauf les deux pédicules que nous formons de chaque côté pour les artères utéro-ovariennes. Il en résulte que, lorsque la collerette est fermée, toutes les ligatures sont extra-péritonéales et en communication avec le vagin, ce qui amène comme conséquence l'impossibilité d'hémorrhagie dans le péritoine et, au contraire, la possibilité de remédier vite et efficacement à toute hémorrhagie post-opératoire en pratiquant un fort tamponnement vaginal.

Enfin, lorsque l'opération est terminée et que la collerette est complètement fermée, la cavité péritonéale est close de toutes parts, ce qui non seulement la met à l'abri du vagin, mais encore empêche toute adhérence ultérieure de l'intestin au moignon vaginal, quand ce conduit est resté ouvert au fond de l'excavation. Du reste, il nous suffira de rappeler l'expérience faite à ce point de vue d'isolement complet de la séreuse, par Martin de Berlin, pour entraîner la conviction. Dans une première série de

N°	AGE	ÉTAT GÉNÉRAL AVANT L'OPÉRATION	ACCIDENTS AVANT L'OPÉRATION	DATE DE L'OPÉRATION	PRÉPARATION AVANT L'OPÉRATION	GENRE D'INTERVENTION	DRAINAGE	POIDS DE LA TUMEUR	NATURE ET VARIÉTÉ DE LA TUMEUR	RÉSULTAT OPÉRATOIRE
11	25	Mauvais.	Hémorrhagies et syncopes cardiaques.	26 avril 1894.	Injections antiseptiques depuis un mois, tamponnement vaginal.	Hystérectomie abdominale totale avec collerette circulaire, suture vagino-péritonéale.	Drainage	970 gr.	Tumeur en forme de poire dont la grosse extrémité était enclavée dans le bassin.	Guérison
12	45	Médiocre.	Phénomènes de compression ; désordres de la mixtion.	5 juin 1894.	Désinfection du vagin à l'éther iodoformé, tamponnement vaginal.	Hystérectomie abdominale totale ; tumeur enlevée sur lien élastique ; utérus enlevé ensuite ; collerette circulaire.	Drainage	7.500 gr.	Tumeur en partie kystique développée sur l'angle droit de l'utérus, incluse dans le ligament large.	Guérison
13	33	Bon.	Hémorrhagies et phénomènes de compression intra-pelvienne.	24 octobre 1894.	Désinfection à l'éther iodoformé et tamponnement vaginal.	Hystérectomie abdominale totale ; collerette circulaire.	Drainage	610 gr.	Tumeur enclavée dans la concavité du sacrum formé par utérus retroversé.	Guérison
14	37	Très mauvais	Hémorrhagies et septicémie.	7 novembre 1894.	Désinfection à l'éther ; tamponnement de la cavité du col et du vagin.	Hystérectomie abdominale totale ; tumeur enlevée sur lien élastique ; collerette circulaire.	Drainage	2.300 gr.	Tumeur bilobée ; lobe inférieur constitué par fibrôme enclavé. Lobe supérieur par cavité utérine contenant fœtus de 4 mois macéré, placenta et caillots.	Guérison
15	46	Bon.	Hémorrhagies et compression pelvienne.	5 décembre 1894.	Désinfection à l'éther iodoformé ; tamponnement du vagin.	Hystérectomie abdominale totale ; collerette circulaire.	Drainage	1.200 gr.	Tumeur irrégulière constituée par de nombreux fibrômes dont l'un gros comme le poing a aspect de cartilage.	Guérison
16	40	Bon.	Hémorrhagies ; cistite purulente et salpingites.	11 décembre 1894.	Désinfection à l'éther iodoforme ; tamponnement vaginal.	Hystérectomie abdominale totale ; resection des annexes, puis collerette circulaire.	Drainage	850 gr.	Fibro-myonne de l'utérus ; ovaro-salpingites ; adhérences pelviennes nombreuses.	Guérison
17	42	Mauvais.	Douleurs ; accidents d'occlusion intestinale ; albuminurie.	19 mars 1895.	Injections antiseptiques depuis trois semaines ; désinfection à l'éther, puis tamponnement.	Hystérectomie abdominale totale ; resection des annexes, puis collerette circulaire.	Drainage	1.250 gr.	Tumeur oblongue avait amené la torsion du pédicule ; ovaro-salpingites des annexes gauches. Adhérences.	Guérison
18	32	Mauvais.	Hémorrhagies ; faiblesse extrême.	8 avril 1895.	Quelques injections antiseptiques. Désinfection du vagin, mais pas de tamponnement.	Hystérectomie abdominale totale ; section sous salpingo-ovarienne entre deux pinces, puis collerette circulaire.	Drainage	1.535 gr.	Tumeur régulière formée par un seul fibrôme, distendant la cavité et ayant amené l'effacement du col.	Guérison
19	51	Médiocre.	Symptômes de compression ; albuminurie.	25 avril 1895.	Injections antiseptiques pendant six semaines ; désinfection du vagin avec éther iodoformé, mais pas de tamponnement.	Hystérectomie abdominale totale ; formation de la collerette pour désenclaver ; excision des annexes ; longue dissection du col.	Drainage	1.500 gr.	Tumeur sphérique très fortement enclavée ; col très hypertrophié long de 0m12 sortait entre les grandes lèvres.	Guérison
20	45	Très mauvais	Évolution rapide de la tumeur ; métrorrhagies.	27 avril 1895.	Quelques injections antiseptiques. Désinfection du vagin et tamponnement lâche.	Hystérectomie abdominale totale ; collerette circulaire.	Drainage	2.300 gr.	Tumeur irrégulière formée par l'utérus contenant fibrômes et dont les parois sont spongieuses (Sarcome).	Guérison

43 opérations, sans suture du péritoine pelvien, il a une mortalité de 30,23 o/o, tandis que dans une deuxième série de 54 cas, avec suture du péritoine, il n'a plus qu'une mortalité de 9,25 o/o.

———

M. Delagenière, Paul (de Tours), ancien interne des hôpitaux de Paris, ancien aide d'anatomie de la Faculté de Paris.

Néphrorraphie pour reins mobiles. Sept cas suivis de guérison

Dans ces trois dernières années, nous avons eu occasion de faire sept fois la néphrorraphie pour des malades atteintes de déplacement du rein.

Le rein flottant est une affection extrêmement fréquente chez la femme, puisque pour Lindan, une fois sur vingt, on trouve des reins mobilisables chez des sujets soumis à l'autopsie.

Le rein déplacé n'attire donc que très rarement l'attention des malades. Il faut pour cela qu'il devienne douloureux, ce qui est très rare. Par suite, les fixations de cet organe ectopié doivent être peu fréquentes et réservées pour quelques cas déterminés.

Pour conseiller l'intervention, nous nous sommes donc conformé aux règles posées par Guyon, Halm, Langenbuch et Courvoisier.

Le rein déplacé doit être fixé lorsqu'il donne naissance à des troubles de deux sortes :

Ou bien par torsion du bassin, il met obstacle à la descente de l'urine dans la vessie, et l'on voit alors éclater, sans prodromes, une crise violente de colique néphrétique ;

Ou bien, dans d'autres cas, les accidents sont pour ainsi dire chroniques. Ils se bornent à des crises stomacales caractérisées par la lenteur de la digestion. Les malades se plaignent d'une barre épigastrique, mais ont rarement de vomissements. Pour Halm, ces troubles gastriques sont dûs à la traction mécanique qu'exerce le rein sorti de sa loge sur le péritoine en rapport avec les organes de l'épigastre. Pour Küster, au contraire, il s'agirait de véritables coliques néphrétiques avortées.

Enfin, et surtout, dans la seconde variété d'accidents, on voit se développer un état neurasthénique, parfois inquiétant. Dans quelques cas, les malades arrivent, comme dans une de nos observations, à une sorte de manie.

C'est donc dans ces formes spéciales que nous avons fait l'intervention, et les résultats que nous avons obtenus sont des plus concluants.

Avant de passer en revue chacune des malades que nous avons opérées, nous devons décrire en quelques mots le procédé auquel nous avons donné la préférence parmi tant d'autres et qui a été préconisé par notre chef, M. le Professeur Guyon.

La malade est couchée sur le côté opposé à celui de la lésion. Un sac de sable, ou mieux un drap roulé est placé sous la malade au niveau de la taille, de façon à redresser la région lombaire du côté malade.

L'incision est faite sur le bord externe du carré lombaire et, comme ce bord se dirige en bas et en dehors, l'incision en *L*, de Simore, ne semble pas utile.

En incisant couche par couche, on arrive sur la graisse rétro-colique qui annonce la proximité du péritoine. Le doigt est introduit dans la plaie pour libérer le rein, si cet organe ectopié a contracté des adhérences au niveau de la nouvelle région qu'il a adopté. Tandis qu'un aide le refoule à travers le ventre, on passe les fils suspenseurs qui doivent le fixer à la fin de l'opération. Ici, le catgut assez volumineux est préférable à la soie, qui déchire ou peut s'éliminer. Nous l'employons double. Ces fils suspenseurs, au nombre de trois ou quatre, doivent être passés dans les deux tiers inférieurs du rein, et à une épaisseur d'au moins un centimètre dans le parenchyme rénal. Ceci fait, on palpe le rein pour voir s'il n'est le siège d'aucune affection telle qu'hydronéphrose ou lithiase.

Une fois l'exploration terminée, on lie les catguts de la façon suivante. L'anse terminale de chaque fil est section-née. Avant de les presser à travers les plans musculaires, on saisit les deux chefs d'un fil dédoublé et on les noue, de façon que le nœud qui en résulte soit en contact direct avec la substance rénale. On recommence la même manœuvre sur les deux autres chefs du même fil, mais du côté opposé. En agissant ainsi successivement pour chacun des autres fils passés à travers le rein, on obtient le résultat suivant : le rein est suspendu par une série d'échelons, indépendants les uns des autres et terminés à chaque extrémité par un nœud qui protège très efficacement le rein contre les déchirures auxquelles il est exposé pendant la durée de l'opération.

Une fois que tous les nœuds ont été faits, on passe isolément les deux chefs de chaque fil à travers les tissus voisins. Si le rein a pu être complètement mobilisé, le fil supérieur sera noué autour de la onzième côte, tandis que les suivants seront passés successivement à travers la capsule graisseuse, l'aponévrose du transverse et les fibres musculaires. Les deux chefs de chaque fil double, passés du même côté, à un demi-centimètre l'un de l'autre, sont alors noués, et il n'est plus utile de prendre, comme dans les autres procédés, la précaution de serrer faiblement, afin de ne pas couper le tissu rénal. Ce danger est, en effet, écarté, grâce au premier nœud fait au contact du tissu rénal, et une striction brutale ne fera que couper quelques fibres musculaires comprises dans l'anse formée par le nœud juxta-rénal et celui que l'on est en train de faire. Quand tous les fils sont liés, le rein se trouve soutenu, sans être le moins du monde serré par eux. Il est maintenu, comme il est facile de le constater, d'une façon remarquablement solide.

L'opération se termine alors rapidement par la suture des plaies musculaires au catgut et de la peau au crin de Florence

Il est inutile de drainer; le pansement est maintenu par un bandage de corps garni de sous-cuisses.

En quinze jours, la plaie est réunie, et la malade, couchée à plat sans traversin et oreiller pendant dix jours, peut se lever sans inconvénient vers le dix-huitième. Le rein est solidement attaché.

Nous allons passer brièvement en revue chacune de nos opérations, et nous terminerons par un examen d'ensemble des résultats obtenus.

Observation I. — Femme de 34 ans. Douleurs dans tout le ventre, mais surtout à droite. Rein flottant droit.

Néphrorraphie le 20 février 1893. Le rein volumineux et très adhérent à sa capsule graisseuse est fixé par quatre fils de soie, dont le premier est passé autour de la onzième côte. Calculs du rein. Le lendemain, crise violente de colique néphrétique.

Suites simples.

Les troubles gastriques ont disparu, mais la malade continuant à souffrir du ventre, je lui fais la laparotomie pour ovario-salpinjite en septembre de la même année. Depuis, guérison complète.

Observation II. — Femme de 32 ans, maigre, névrosée. Cinq accouchements. Rein flottant droit.

Néphrorraphie le 12 avril 1893. Fixation à la soie du rein dont le bassinet est un peu dilaté.

Suites simples. La malade était guérie, quand elle redevint enceinte un an après. A la suite de ses couches, les douleurs reparurent (janvier 1895). Le rein s'est déplacé de nouveau.

Observation III. — Femme de 23 ans. Rein droit déplacé.

Opération le 16 janvier 1893. Fixation à la soie. Guérison rapide. Les phénomènes douloureux disparaissent.

Observation IV. — Femme de 38 ans, atteinte d'ectopie rénale depuis quinze ans. Elle est obligée de garder presque continuellement le lit.

Néphrorraphie à la soie le 7 novembre 1893. Suites simples. Cependant, la malade ayant découvert sa plaie, la partie inférieure s'infecte. Il se fait une élimination du fil de soie inférieur que je suis obligé d'enlever après une nouvelle incision, quatorze mois après.

Observation V. — Femme de 33 ans. Rein flottant douloureux depuis deux ans, avec crises néphrétiques. Douleurs dans le bas ventre.

Néphrorraphie le 6 mars 1894, au catgut. Guérison rapide. Le rein est bien fixé.

Mais les douleurs du bas ventre persistent et nécessitent une laparotomie. Onze mois après, guérison absolue.

Observation VI. — Femme de 27 ans. Rein flottant avec troubles gastriques et crises douloureuses. Lors de ses grandes souffrances, il lui arrive depuis quelques mois de perdre conscience de ce qu'elle fait.

Néphrorraphie le 10 août 1894, au catgut. Le troisième jour après l'opération, crise violente de manie aiguë qui dure trois jours. Au bout de ce temps, les phénomènes nerveux disparaissent, et la guérison survient sans nouvelle complication.

Depuis lors, l'état mental de la malade, jadis hypochondriaque, est resté excellent.

Observation VII. —- Femme de 36 ans. Troubles gastriques internes. Rein flottant.

Néphorraphie au catgut, le 5 février 1895. Suites simples.

Lorsque la malade sort, elle ne souffre plus. La guérison s'est maintenue jusqu'à ces derniers jours. Bon appétit, les digestions sont rarement pénibles.

Du rapide exposé que nous venons de faire, il résulte qu'au point de vue purement opératoire, nos sept néphorraphies ont été suivies de guérison. Les sept fois, le rein est resté fixé, et la seule récidive constatée s'est produite vingt mois après, sur une malade opérée à la soie et à la suite d'un accouchement (Obs. II).

Comme autre incident qu'il faut rattacher à l'opération elle-même, signalons l'élimination d'un point de suture à la soie (Obs. IV). On voit en somme que le but cherché a été atteint toujours et que le seul échec constaté est dû à une grossesse intercurrente, fait signalé deux fois dans les observations que nous avons relevées.

Les résultats thérapeutiques sont également très bons. Dans cinq cas, la guérison complète a été le résultat de la néphrorraphie seule. Deux fois (Obs. I et V), les malades ont dû subir une deuxième opération, l'ovariotomie, et alors le rétablissement a été définitif.

Cette coïncidence de lésions des annexes utérines et de

l'ectopie rénale est en effet très fréquente. Elle a été étudiée par Lindan et Franck, qui prétendent qu'elle existe dans le cinquième des cas. Ils conseillent de commencer alors par la néphrorraphie, s'il y a des crises douloureuses aiguës, et prétendent avoir vu une amélioration survenir du côté des annexes, après fixation du rein. Nous avons, chez nos deux malades, commencé par la néphrorraphie ; mais il nous a fallu avoir recours à l'ovariotomie pour obtenir la guérison complète.

Des faits observés par nous nous croyons donc pouvoir tirer les conclusions suivantes :

La néphrorraphie, opération absolument bénigne, est presque constamment suivie de succès thérapeutique.

Elle est indiquée seulement lors de reins déplacés devenant douloureux par eux-mêmes, ou déterminant des troubles variables (gastriques ou nerveux).

Lors de co-existence de lésions des annexes, il faut la compléter par l'ovariotomie. En effet, à double lésion, double opération.

Sur la demande de *M. le Dr Billet,* médecin principal (Angers), M. le Dr Delagenière trace un schema qui met sous les yeux le mode de suture qu'il a employé.

M. le Dr Delagenière, Henri, dit qu'il a employé cette méthode sept fois avec succès.

M. le Dr Dezanneau (d'Angers), ancien interne (médaille d'or) des hôpitaux de Paris, professeur de clinique chirurgicale à l'École de Médecine, chirurgien en chef des hôpitaux d'Angers, membre correspondant de l'Académie de Médecine.

Typhlite et Appendicite

Quand et comment doit-on intervenir ?

Les accidents inflammatoires péri-cæcaux ont l'appendice pour point de départ habituel; la démonstration en est faite aujourd'hui, mais le cæcum est souvent en cause aussi, et il importe, quand le diagnostic est possible, de différencier la typhlite de l'appendicite ; les remarques suivantes permettront de faire cette distinction, dans un certain nombre de cas au moins.

La typhlite s'annonce par des douleurs sourdes et progressives ; l'appendicite débute par une douleur vive et brusque.

Le siège de la douleur dans la typhlite est la région du cæcum et du côlon ascendant ; dans l'appendicite, il est limité à un point situé en général à égale distance de l'épine iliaque antéro-supérieure et de l'ombilic.

Dans la typhlite, la réaction péritonéale est peu prononcée ; dans l'appendicite, il y a un péritonisme intense.

A la palpation, dans la typhlite, on trouve un boudin cæcal et colique, volumineux, mat ou sonore ; dans l'appendicite, c'est une induration limitée, rappelant la forme de l'appendice et son siège.

Dans la typhlite, le début est lent, précédé de coliques avec alternatives de constipation et de diarrhée ; dans l'appendicite, le début est brusque, violent, sans prodromes.

Dans la typhlite, les accidents sont provoqués par un écart de régime, par de la fatigue ou un refroidissement ; ils débutent sans cause appréciable dans l'appendicite.

La typhlite se manifeste en général chez des sujets d'un certain âge, et la marche de la maladie est lente et continue ; l'appendicite s'observe plus souvent chez des sujets jeunes, et elle procède par crises aiguës à répétition, assimilables à des crises hépatiques, et qui sont de véritables coliques appendiculaires.

La distinction entre la typhlite et l'appendicite présente de l'importance au point de vue chirurgical : l'intervention est plus souvent indiquée dans l'appendicite et doit entraîner la résection de l'appendice toutes les fois que cette résection est possible ; la typhlite guérit plus souvent par les moyens médicaux et, quand elle nécessite une opération, la résection de l'appendice est moins nécessaire.

Cliniquement, il importe de faire les distinctions suivantes :

I

Traitement médical dans la typhlite ou l'appendicite

Typhlite ou appendicite simple, première crise, sans complications : il faut se borner au traitement médical, sangsues et purgatifs légers si la typhlite et la constipation dominent, opiacés si l'on a à craindre une perforation de l'appendice.

II

Intervention chirurgicale dans l'appendicite

1er Cas. — Appendicite simple, première crise, sans complications : se borner au traitement médical.

2e Cas. — Appendicite à crises fréquentes : intervenir si l'appendice reste gonflé et malade entre les crises ; attendre si après la dernière crise il est impossible à la palpation de rien trouver d'anormal. Intervenir dans l'intervalle des crises, à froid, et faire l'incision de Roux.

3e Cas. — *Abcès* : *1er Type* : Abcès ilio-inguinal, le

plus fréquent : faire l'incision de Roux assez rapprochée de l'arcade ; entrer dans le foyer sans ouvrir la grande cavité du péritoine, reséquer, si possible, l'appendice et drainer.

2° *Type : Abcès antérieur ombilical :* incision plus en avant et plus élevée, sur la partie la plus saillante, en dehors du muscle droit ou sur la ligne médiane.

3° *Type : Abcès pérityphlique postérieur :* incision verticale postérieure en avant des muscles sacro-lombaires, au niveau de l'épine iliaque postéro-supérieure.

4° *Type : Abcès rectal :* incision du rectum.

5° *Type : Abcès méso-colique,* au milieu des anses intestinales sans adhérences avec la paroi : faire l'incision en dehors du muscle droit ou sur la ligne médiane, séparer anses agglutinées, éponger avec soin et drainer.

4° CAS. — *Péritonite généralisée :* laparotomie immédiate médiane ou sur le bord externe du muscle droit, lavage, recherche et résection de l'appendice.

5° CAS. — *Obstruction intestinale :* 1° le malade peut supporter une intervention longue et compliquée : faire la laparotomie médiane ou latérale, dévider l'intestin pour arriver à l'union de la partie vide avec la partie distendue et enlever la cause de l'obstruction.

2° Le malade ne peut supporter un choc opératoire considérable : faire l'entérostomie.

Des nombreux faits que nous avons observés il résulte que la pérityphlite d'origine cæcale guérit dans la très grande majorité des cas par un simple traitement médical ; celle d'origine appendiculaire est beaucoup plus grave et elle nous a paru nécessiter, dans la moitié des cas au moins, une intervention chirurgicale. La résection de l'appendice est l'opération de choix quand elle est possible ;

pour être bien conduite, elle doit être faite à froid dans l'intervalle des crises. Je l'ai pratiquée deux fois dans ces conditions chez deux sujets âgés l'un de 26 ans, l'autre de 20 ans ; la guérison a été rapide et complète. La recherche et la résection de l'appendice peuvent présenter des difficultés insurmontables quand on agit au milieu d'un abcès ou en pleine période inflammatoire ; j'ai dû y renoncer plusieurs fois en pareille circonstance et me contenter d'un drainage sérieux après nettoyage parfait des abcès ; je n'ai eu qu'à m'applaudir de cette ligne de conduite, mais la guérison a été souvent longue et difficile, et j'ai regretté plus d'une fois de n'avoir pas opéré plus tôt dans l'intervalle des crises.

En résumé, dans la typhlite et l'appendicite, n'opérer qu'après avoir nettement posé les indications ; intervenir à froid, si c'est possible, et toujours réséquer l'appendice quand on peut le faire sans danger.

M. le Dr Dezanneau lit ensuite l'observation suivante recueillie dans son service par M. Cocard aîné, interne à l'Hôtel-Dieu.

Le nommé B... François, âgé de 20 ans, présente des antécédents héréditaires sans grand intérêt ; il n'en est pas de même des renseignements qu'il nous donne sur l'affection qui l'amène à l'hôpital.

En janvier 1894, après avoir fêté joyeusement le premier de l'an, il est tout courbaturé pendant plusieurs jours et, le 8, à neuf heures du soir, il est pris brusquement d'une douleur lancinante dans la fosse iliaque droite, s'irradiant en avant dans tout le ventre et en arrière jusqu'à la colonne vertébrale. Le ventre est modérément ballonné et la pression au niveau du cæcum est seulement pénible ; sueurs froides et vomissements verdâtres ; selles régulières dans la journée.

Il va consulter le Dr Vétault qui lui donne un purgatif : la douleur disparaît et il peut reprendre son travail le surlendemain.

Cependant, depuis cette époque, il a eu constamment une sensation de pesanteur abdominale, parfois très pénible après les repas, mais non localisée au niveau de la fosse iliaque.

A la fin de mai, il est pris subitement d'une crise dans son lit, vers neuf heures du soir. Mêmes symptômes qu'en janvier, mais plus accusés. Durée : 4 jours. Traitement : vésicatoire *loco dolenti* et purgatifs.

Au commencement de septembre, B..., partant de bon matin pour faucher, ressent les mêmes symptômes (douleur localisée à la fosse iliaque droite, sueurs froides et vomissements verdâtres, sanguinolents). Trois jours de constipation ont précédé cette crise que le malade attribue à un coup de froid. Durée : 15 jours.

Quatrième attaque au mois de novembre. Début le matin. Mêmes symptômes. Trois semaines de durée. Traitement par le vésicatoire et les purgatifs.

Dans les premiers jours de janvier 1895, dans l'après-midi, avant le repas de 5 heures, il est pris de coliques atroces persistant une quinzaine de jours. Employé à ce moment à l'asile de Sainte-Gemmes, il reçoit les soins de M. le Dr Petrucci qui lui ordonne 15 sangsues sur la fosse iliaque droite, des purgatifs (huile de ricin) et le régime lacté. Durée : 25 jours environ, 15 de souffrances et 10 d'impotence.

Sixième attaque au mois de mars. B... est pris au lit subitement, vers 1 heure du matin, de douleurs intolé-

rables continuant 3 ou 4 jours. Vomissements exclusivement alimentaires. Traitement habituel.

Lassé de ces accès fréquents et voyant de jour en jour
ses forces décroître, le malade entre à l'hôpital d'Angers,
réclamant une intervention.

A noter : la constipation constante avant toutes les
attaques, sauf la première ; le rapprochement toujours
croissant des accès.

L'examen du malade est très concluant : ventre légèrement ballonné ; le côté droit présente une bosselure en
un point correspondant à la situation anatomique de
l'appendice. A la palpation, côté gauche facilement dépres-
sible, un point douloureux au voisinage et à la hauteur de
l'ombilic. Du côté droit empâtement mollasse du volume
du poignet, assez mal délimité, dirigé cependant de bas
en haut et de dehors en dedans ; sur cette tuméfaction on
sent des points plus durs sur une étendue de 7 ou 8 centimètres. La palpation est douloureuse surtout au niveau
de la zone indurée.

Les commémoratifs, l'aspect de la tumeur, la sensation
qu'elle offre font porter le diagnostic d'appendicite.

Le traitement médical et l'attente d'une crise pour
intervenir étant rejetés, on décide de l'opérer immédiatement, en raison de l'état général assez satisfaisant et
des chances plus grandes de ne pas rencontrer du pus ou
des exsudats autour de l'appendice, circonstances qui
auraient rendu l'intervention plus difficile et plus dangereuse comme suites immédiates.

L'opération est pratiquée, le 2 avril, par M. le professeur Dezanneau, assisté de MM. Petrucci, Billet, Mullois
et Renard.

Incision par le procédé de Roux. Les différents plans
étant incisés, on arrive sur le cæcum, le long de la paroi

antéro-externe duquel on sent l'appendice accolé, l'extrémité libre en haut, parallèlement à la direction du cæcum, et couché sous une épaisse adhérence qui en recouvre le premier tiers.

En disséquant cette adhérence on touche sur un petit abcès gros comme une noisette, situé au bord interne de l'appendice, au niveau de l'union de ses deux tiers supérieurs avec son tiers inférieur. Cet abcès contient un centimètre cube de pus environ.

En examinant de près l'appendice on aperçoit une petite perforation de la largeur d'une tête d'épingle à quelques millimètres de son insertion supérieure sur le cæcum.

L'appendice est réséqué au ras du cæcum qui est recousu par le procédé de Lembert. Les parois de l'abcès sont soigneusement réséqués et la paroi abdominale est refermée sans drainage par triple étage de sutures.

L'appendice a la longueur et la grosseur du petit doigt, il est fortement induré. Au niveau de la communication avec l'intestin le calibre présente un rétrécissement assez serré permettant le passage d'une mine de crayon. Pas de pus dans la cavité appendiculaire.

Les suites opératoires ont été des plus simples. B... quitte l'hôpital dix jours après l'intervention. Malgré les ordres formels il s'est mis à marcher le douzième jour et a enlevé son pansement deux jours après la section des fils.

A cette date, il a eu un très léger décollement de 1 centimètre environ de la partie inférieure de la suture, qui a repris aussitôt.

Revu 3 semaines et 6 semaines après, il est en parfaite santé ; actuellement (1er juin) il se dit apte à reprendre son travail d'infirmier.

M. le Dr Delagenière, Henri. — M. le Dr Dezanneau semble partisan de l'intervention dans presque tous les cas. Mais il n'a pas assez insisté, à mon avis, sur l'utilité de l'intervention faite à froid, quand il y a eu une ou deux attaques antérieures d'appendicite. C'est alors que l'on obtient les meilleurs résultats. Je suis intervenu deux fois dans ces conditions et, dans les deux cas, j'ai trouvé l'appendice sur le point de se perforer.

M. le Dr Dezanneau. — Quand l'inflammation est très vive et les symptômes généraux graves, et que l'on craint par conséquent l'inflammation du péritoine, je crois qu'il est prudent d'intervenir immédiatement. Mais il est certain que l'opération faite à froid aura beaucoup plus de chance de réussir.

M. le Dr Delagenière, Paul, dans les appendicites avec abcès, transperce absolument la fosse iliaque et met un drain antérieur et un drain postérieur. A l'aide de ce drainage postérieur, il vide beaucoup plus facilement et plus rapidement la cavité de l'abcès, il obtient une plus prompte cicatrisation.

M. le Dr Dezanneau a employé ce procédé pour deux appendicites avec abcès profonds ; le résultat a été parfait. Mais doit-on y avoir recours dans le cas d'abcès superficiel ? Il ne le pense pas. C'est compliquer inutilement l'opération.

M. le Dr Delagenière, Paul. — Ce procédé a été employé même pour les abcès de la région antérieure. Le drainage n'est complet que quand il est fait dans la partie déclive.

M. le Dr Monprofit, ancien interne des hôpitaux de
Paris, professeur suppléant à l'École de Médecine d'Angers, chargé du cours de clinique obstétricale, chirurgien
en chef des hôpitaux d'Angers, membre correspondant
de la Société de Chirurgie de Paris.

Deux observations de Symphyséotomie

Depuis plusieurs années, mon attention était éveillée
par les travaux publiés en Italie au sujet de la symphyséotomie, et je me promettais d'expérimenter à nouveau
cette vieille opération. La condamnation dédaigneuse de
presque tous les auteurs classiques de ce siècle ne
m'avait pas convaincu, et je pensais qu'il fallait en appeler
du jugement porté contre la symphyséotomie pendant le
règne de l'infection purulente.

Les résultats remarquables obtenus par le professeur
Pinard, les recherches si précises et si ingénieuses de
mon maître Farabeuf et de mon excellent ami Varnier
achevèrent de me convaincre, et je me promis de ne
jamais faire la craniotomie sur l'enfant vivant et d'ouvrir
la symphyse dans le cas de rétrécissement du bassin. Je
me souviens encore avec un sentiment bien pénible des
craniotomies pratiquées autrefois avec tant de facilité !
Ces adversaires anciens de la craniotomie n'avaient alors
que de bien faibles arguments à opposer aux cranioto-
mistes : uniquement des considérations d'un ordre extra-
scientifique. Ceux qui n'avaient pas le triste courage de
perforer le crâne des enfants vivants, avaient la ressource
un peu hypocrite de laisser le fœtus mourir d'épuisement ou de l'achever avec des applications répétées de
forceps. La craniotomie arrivait pour terminer la scène
et se pratiquait sur un enfant mort.

Il est triste de penser que dans toute notre région cette pratique est encore la pratique courante, tant on a de peine à faire disparaître les vieilles erreurs ! Il faut le proclamer hautement : la craniotomie sur l'enfant vivant est un meurtre sans excuse aujourd'hui ; les applications de forceps répétées au détroit supérieur, les tractions violentes exercées sur une tête enclavée dans un bassin rétréci, sont des manœuvres absolument meurtrières, et le médecin qui se livre à de semblables pratiques n'est pas autre chose qu'un assassin.

La symphyséotomie permet d'avoir dans ces cas des enfants vivants et, si elle est insuffisante, c'est à la section césarienne qu'il faut s'adresser.

Les résultats de toutes les interventions nouvelles ont été jusqu'ici si déplorables dans notre région que l'abstention des praticiens est tout à fait facile à comprendre ; mais les temps sont changés ! Laissons les esprits routiniers s'attarder dans leurs pratiques infectantes ; jamais les voies lumineuses de la chirurgie moderne ne leur seront accessibles.

Les opérations qui ont été pratiquées par moi, depuis deux ans bientôt, sont au nombre de cinq ; je publie aujourd'hui les deux premières. Pendant ce laps de temps, j'ai été plusieurs fois appelé par nos confrères à pratiquer l'embryotomie ou la basiotripsie sur des enfants morts depuis plusieurs heures à la suite d'applications instrumentales répétées. Mais jamais je n'ai tué délibérément un fœtus nettement vivant. Dans un cas fort intéressant, où l'enclavement d'un myôme dans le bassin rendait l'accouchement impossible, j'ai pratiqué la section césarienne, extrait le fœtus vivant, enlevé la tumeur fibreuse et guéri mère et enfant. Dans une autre circonstance plus récente, j'ai aussi pratiqué la section césarienne conservatrice avec les mêmes résultats.

PREMIÈRE OBSERVATION

Bassin vicié par coxalgie ancienne. Symphyséotomie. Guérison de la mère. Enfant mort. 4 septembre 1893.

Marie D..., âgée de 22 ans, a été atteinte, à 4 ans, d'une coxalgie de la hanche gauche qui a suppuré jusqu'à l'âge de dix ans ; on voit encore, autour de la hanche, un certain nombre de cicatrices résultant d'anciens trajets fistuleux ; le genou du même côté est légèrement fléchi par suite de la mauvaise situation de la hanche, le membre est beaucoup moins développé que celui du côté opposé, et la malade boîte assez fortement pour ne pouvoir qu'avec peine se passer d'une béquille ou d'une canne.

Marie D... devient enceinte et arrive au terme de sa grossesse. Lorsque je la vois pour la première fois, le 4 septembre 1893, elle est en travail depuis cinquante-six heures et la poche des eaux est déjà rompue depuis deux jours. Elle paraît très fatiguée, elle vomit d'une façon incessante, sa température est à 39°, le vagin laisse écouler une sérosité roussâtre à odeur infecte ; il est évident qu'aucune précaution antiseptique n'a été prise au courant des nombreuses explorations déjà faites et qu'il y a déjà infection.

La palpation du ventre est très douloureuse, l'utérus est dur au contact ; on sent cependant assez nettement la tête arrêtée au-dessus du détroit supérieur et ne paraissant avoir aucune tendance à s'engager. Le toucher vaginal permet de constater que le col présente une dilatation égale à peu près à une pièce de cinq francs, qu'il est dur et rigide. La tête est très élevée.

Il existe une saillie très prononcée du promontoire sacré, le diamètre antéro-postérieur mesure huit centimètres. On constate, en outre, que la branche ischio-pubienne gauche est plus rapprochée de la ligne médiane que celle du côté opposé. Il semble que l'os iliaque gauche (coxalgie gauche) est moins développé que le droit.

Ne pensant pas que l'accouchement puisse se terminer spontanément, et la malade étant d'ailleurs dans un état très grave, je la fais transporter à la clinique d'accouchements et, quelques heures après, toutes les dispositions étant prises, elle est anesthésiée par le chloroforme.

Je réussis à appliquer le forceps en forçant légèrement le col qui est peu dilatable, mais après des tractions assez fortes et répétées je ne puis réussir à engager la tête.

Ayant alors constaté qu'on percevait les battements du cœur fœtal, bien qu'ils fussent très faibles et très précipités, je me décide à pratiquer la symphyséotomie.

Une incision longue de dix centimètres est faite au-dessus et au-dessous du bord supérieur de la symphyse.

Ce bord supérieur étant dénudé, j'essaie de passer le doigt derrière l'articulation, mais j'éprouve une certaine difficulté à le faire en raison de la pression qu'exerce la tête à ce niveau. J'attaque alors l'articulation d'avant en arrière et de haut en bas, à petits coups, au moyen d'un bistouri résistant, et, lorsqu'elle s'entrouve suffisamment, je prends le bistouri-mousse.

La symphyse sectionnée, les deux pubis s'écartent spontanément d'un centimètre et demi ; en faisant tirer les cuisses en dehors avec prudence, cet écartement s'élève encore.

Les tractions sur le forceps sont alors reprises et amènent la tête à l'extérieur, au bout de quelques minutes, sans grande difficulté. Malheureusement, l'enfant a cessé de vivre et tous les moyens employés pour le ranimer ne nous donnent aucun résultat.

L'écartement total des pubis, au moment du passage de la tête, a été de six centimètres et demi.

La plaie est réunie au moyen de trois fils de soie fine laissés dans la profondeur sur les plans aponévrotiques, et de crins de florence comprenant le tissu cellulaire sous-cutané et la peau. Aucune ligature n'a été nécessaire. Un pansement iodoformé est appliqué, séparé avec beaucoup de soin du pansement appliqué sur la vulve.

La délivrance ne présente rien de particulier. En raison de l'état infectieux dans lequel nous avions trouvé cette malade, nous faisons pratiquer immédiatement une large irrigation intra-utérine.

L'opérée fut pendant quelques jours dans un état assez précaire : elle avait de la fièvre avant l'intervention, elle en eut encore après, malgré les lavages très souvent répétés du vagin et de la cavité utérine. Au bout de huit jours, la température devient normale, l'appétit se réveille et toute cause d'inquiétude disparait.

Nous fûmes un peu surpris, lors du premier pansement fait le neuvième jour, de trouver la plaie de symphyséotomie complètement réunie et normale, comme elle aurait pu l'être chez une opérée n'ayant pas présenté une heure de fièvre. Les fils furent enlevés, la réunion était parfaite.

Les deux plaies avaient donc évolué d'une façon indépendante : la plaie utérine, infectée avant notre intervention, resta infectée et donna lieu à de la fièvre jusqu'à ce que l'antisepsie utérine eût produit tous ses résultats.

La plaie de symphyséotomie, faite aseptique, resta aseptique jusqu'à la guérison qui se fit physiologiquement malgré la température constamment élevée pendant le premier septénaire.

La malade se leva le quinzième jour et elle put rentrer chez elle au bout de trois semaines, marchant avec des béquilles comme avant son accouchement.

1er jour.	Température prise avant toute intervention,	m. 38°7	s. 38°6
2e	—		m. 36°9	s. 38°4
3e	—		m. 37°5	s. 39°6
4e	—		m. 37°4	s. 39°7
5e	—		m. 37°2	s. 38°1
6e	—		m. 37°9	s. 38°2
7e	—		m. 37°	s. 38°1
8e	—		m. 37°6	s. 38°1
9e	—		m. 37°1	s. 38°
10e	Premier pansement, plaie réunie,	m. 36°8	s. 37°1
11e	—		m. 36°8	s. 37°3
12e	—		m. 37°	s. 37°2
13e	—		m. 37°	s. 37°2
14e	—		m. 37°	s. 37°3
15e	—		m. 36°9	s. 37°2

DEUXIÈME OBSERVATION

Rétrécissement du bassin. Symphyséotomie. Mère et enfant vivants

Mme C..., âgée de 28 ans, a toujours joui d'une bonne santé, elle a été réglée à 14 ans, elle s'est mariée à 23 ans, et est devenue presque aussitôt enceinte.

La première grossesse fut normale jusqu'au moment du travail ; mais l'accouchement ne put se faire spontanément ; après une attente assez longue une application de forceps est pratiquée, et les tractions sont répétées avec une grande force pendant *une heure et demie* sans succès. On finit cependant par extraire avec beaucoup de peine un gros garçon vivant encore, mais qui succombe au bout de quelques minutes. Les suites de couche furent très pénibles : de la fièvre survint, accompagnée de douleurs vives dans le ventre, dans le bassin, dans les cuisses ; la malade dut faire un long séjour au lit, sa santé resta longtemps mauvaise, et elle boîta, dit-elle, pendant un certain temps.

Le deuxième accouchement eut lieu à l'âge de 25 ans. Le travail ne put encore se terminer spontanément, et on dut recourir au forceps, qui fut appliqué dans des conditions à peu près semblables à celles qui sont relevées plus haut. Cependant le fœtus étant moins volumineux, il s'agissait d'une fille, les tractions furent un peu moins longues ; mais l'enfant souffrit encore trop, car il ne survécut que quelques heures. La convalescence fut accompagnée d'accidents semblables à ceux qui étaient déjà survenus lors du premier accouchement.

Cette dame étant devenue enceinte une troisième fois, à l'âge de 28 ans, m'est adressée, le 16 octobre 1893, par mon excellent collègue le Dr Jagot, professeur à l'École de médecine d'Angers. Le Dr Jagot, pas plus que moi, n'avait pris part aux premiers accouchements.

Le travail de l'accouchement a commencé le 15 octobre, les douleurs se sont produites assez régulièrement sans amener d'engagement notable de la tête, qu'on trouve mobile encore au-dessus du pubis. Cette tête paraît volumineuse.

La dilatation du col n'est pas plus grande qu'une pièce de 2 francs, la poche des eaux est intacte, et l'on sent la tête très élevée. Le promontoire sacré fait une saillie notable ; nous avons apprécié le diamètre antéro-postérieur à huit centimètres et demi. Le fœtus paraît ne pas souffrir.

Dans ces conditions nous décidons d'attendre que la dilatation se complète avant de tenter une intervention quelconque. Le soir du même jour, en pratiquant un nouvel examen nous observons un changement très notable dans la situation du fœtus : la tête, qu'on sentait manifestement au-dessus du pubis, se trouve dans la fosse iliaque gauche.

Le lendemain matin la tête s'est rapprochée de la ligne médiane et s'est abaissée, la poche des eaux est rompue, et la dilatation a fait assez de progrès pour qu'on puisse tenter une application de forceps.

La malade est chloroformisée, toutes les précautions antiseptiques habituelles sont prises, la paroi abdominale et la vulve rasées et désinfectées soigneusement ; les instruments sont stérilisés à la chaleur sèche, les compresses et tampons épongés à l'autoclave.

Nous faisons d'abord, avec l'aide du Dr Jagot, une application de forceps et, après avoir constaté qu'il est impossible d'engager la tête avec des tractions fortes et soutenues, et instruits par le récit des accouchements antérieurs, nous nous mettons en mesure de pratiquer la symphyséotomie.

Le forceps est laissé en place, les branches libres de façon à ne pas exercer de compression sur la tête du fœtus.

Nous pratiquons alors une incision de dix centimètres sur la ligne médiane, s'étendant à environ sept centimètres au-dessus du bord supérieur de la symphyse et descendant à trois centimètres au-dessous : nous laissons notre incision élevée, pour qu'elle se rapproche le moins possible de la région vulvaire.

Nous mettons à nu le bord supérieur de la symphyse et, à ce moment, on sent la tête appuyant fortement contre les os, de telle sorte qu'il est impossible de glisser le

doigt derrière l'articulation ; la symphyse étant dénudée
à sa partie supérieure et en avant, nous cherchons l'interligne et, après beaucoup de tâtonnements inutiles, reve-
nant toujours vers la ligne médiane, nous renonçons à
ouvrir l'articulation avec le bistouri. Nous prenons alors
un ciseau et un maillet et nous séparons les deux pubis
en passant en plein tissu ossifié ; au dernier coup de maillet,
le ciseau s'enfonce légèrement et un flot de sang monte
dans la plaie. Les os s'écartent immédiatement d'environ
un centimètre et demi ; un tampon de gaze iodoformée
est aussitôt placé dans la plaie et fortement comprimé.
Les tractions sur le forceps sont alors reprises, les pubis
s'écartent de dix centimètres et, en quelques minutes, sans
nulle difficulté, la tête, qui avait été saisie régulièrement,
est entraînée au dehors. Le fœtus est très vivant et ne
tarde pas à respirer et à crier : il s'agit d'un garçon pesant
4 k. 220, parfaitement conformé et vivant.

La délivrance ne présente rien de particulier. Le
tampon qui comprimait la plaie étant enlevé, nous cons-
tatâmes qu'il n'y avait plus trace d'hémorrhagie et que
nous n'avions pas un fil de ligature à poser.

Les pubis étaient encore écartés d'au moins deux centimètres ; en faisant presser sur les deux crêtes iliaques
cet écartement est ramené à un centimètre.

Quelques points de suture profonds à la soie sont
placés sur les plans aponévrotiques, et la plaie est réunie
avec des crins de florence sans drainage, selon notre pratique habituelle.

La plaie est ensuite pansée avec de la poudre d'iodo-
forme et de la gaze, et nous avons soin de laisser notre pansement de symphyséotomie très nettement séparé du pansement vulvaire ; comme moyen de contention, un simple
bandage de corps autour des hanches.

Les suites opératoires dont nous abrégerons le récit furent aussi simples et aussi satisfaisantes que possible, il n'y eut jamais d'élévation de la température, après le soir du premier jour, où le thermomètre accusa 38°3 ; la malade n'eut pas de vomissements chloroformiques, n'ayant absorbé qu'environ dix grammes d'anesthésique ; elle commença à s'alimenter dès le deuxième jour et elle put uriner seule dès le troisième jour. Elle nous déclara toujours de la façon la plus nette que les suites de ce dernier accouchement lui étaient infiniment moins pénibles que celles de ses premiers ; elle se sentait, disait-elle, beaucoup moins fatiguée et *disloquée*, elle éprouvait beaucoup moins de douleurs dans le bassin, les reins, les cuisses.

Le premier pansement fut fait au bout de huit jours ; la plaie était réunie et complètement sèche ; les fils furent tous enlevés, l'opérée commença à se tourner dans son lit sans souffrir ; par prudence je ne la fis lever que le 21° jour ; elle put alors se mettre à marcher et, lorsqu'elle retourna chez elle au bout de cinq semaines, elle pouvait rester debout et marcher assez longtemps sans éprouver ni douleur, ni fatigue.

En passant le doigt au-dessus du pubis, on ne trouve aucune espèce de dépression qui puisse rappeler le point où se faisait l'écartement, la pression et même la percussion sur les os iliaques ne déterminant aucune douleur.

L'enfant est vigoureux et s'élève bien.

Nous ne pouvons, avec quelques observations seulement, tirer des conclusions fermes sur une opération aussi importante que la symphyséotomie. Les travaux de Pinard, de Farabeuf, de Varnier, nous ont guidé dans nos interventions, et nous ne pourrions que répéter ce qu'ils ont déjà si bien dit. Nous n'insisterons donc que sur quelques points de détail qui nous sont fournis par l'histoire de nos opérés.

L'indication formelle d'intervenir nous a été fournie par le fait que les fœtus étaient certainement vivants et qu'il nous paraissait impossible de faire franchir la filière pelvienne par la tête sans la réduire. Chez la première de nos malades, la mensuration du bassin, les résultats du toucher et des premières applications de forceps nous ont amené à renoncer à des tractions plus prolongées ; chez la seconde malade, en plus de ces mêmes éléments, nous avions l'histoire des premiers accouchements, histoire lamentable, que nous n'avions nulle envie de recommencer pour notre propre compte.

Dans notre première intervention, nous n'avons pu avoir l'enfant vivant ; immédiatement avant d'appliquer le forceps, nous avions entendu nettement les bruits du cœur, déjà affaiblis et précipités ; il ne faut pas perdre de vue que le travail durait depuis deux jours et demi et que les eaux s'étaient écoulées déjà depuis quarante-huit heures. Dans ces conditions, il est naturel que le fœtus ait été assez affaibli pour ne plus pouvoir supporter l'application du forceps même adoucie par un élargissement de la ceinture pelvienne. Quoi qu'il en soit, il serait peut-être préférable, ainsi que l'a dit Varnier, de ne pas faire d'application de forceps avant d'ouvrir la symphyse, afin de réduire au minimum les violences faites sur la tête. Dans le cas particulier, nous n'avons pas fait plus mal pour le fœtus que n'aurait fait un craniotomiste, mais nous n'avons pas fait mieux ; au point de vue de la mère, n'avons-nous pas fait une intervention plus bénigne ? Dans l'état d'infection où se trouvait le conduit vagino-utérin, il nous semble qu'une application de forceps simplifiée et facilitée par la symphyséotomie expose à moins de désordres et à moins d'inoculations septiques qu'une basiotripsie. En tout cas, notre opérée a guéri assez simplement pour qu'on puisse être autorisé à le penser. La façon dont s'est comportée la plaie de symphyséotomie, au milieu des troubles généraux déterminés par l'infection utérine, est aussi assez remarquable. Il nous semble qu'elle doit rassurer sur l'avenir de l'intervention même chez les malades affaiblies et infectées par des manœuvres antérieures faites sans précautions antiseptiques ; même dans ces mauvais cas, même au milieu de la fièvre, on peut sectionner la symphyse et obtenir une réunion *per primam*, sans trace de suppuration, sans complication septique d'aucune sorte, notre première observation le démontre irréfutablement.

Pour obtenir ce résultat, il faut avoir soin de séparer bien nettement la symphyséotomie de la vulve ; c'est pour cela que nous avons eu recours à une incision élevée, c'est pour cela que nous avons évité avec soin de prolonger vers la vulve la partie inférieure de notre plaie, et nous n'avons eu qu'à nous louer de cette manière de faire.

Mais, nous dira-t-on, avec une telle incision cutanée, il est impossible de dénuder la symphyse et de l'ouvrir sûrement en voyant ce qu'on fait? Je crois qu'il n'est pas utile de voir tout l'interligne articulaire pour ouvrir sans danger l'articulation ; je crois aussi parfaitement superflu de passer le doigt entre la symphyse et la vessie ou de se servir d'un instrument spécial, le *Protecteur,* imaginé par le professeur Farabeuf. Lorsque j'ouvre une articulation de Lisfranc, je me contente de voir bien le côté que j'ouvre, et je n'ai pas besoin d'une serpette courbe pour ouvrir à la fois en dessus et en dessous ; pourquoi agirai-je autrement pour désarticuler le pubis? J'ouvrirai avec précaution, sectionnant à petits coups, sans me presser, le ligament antérieur, le cartilage interarticulaire, et j'aurai naturellement grand soin de ne pas enfoncer ma pointe en arrière, puisque je sais qu'il y a là un grand danger! mais je ne vois là rien de bien difficile. Est-il donc plus difficile de rentrer dans l'articulation inter-pubienne que de guider le couteau à cataracte dans la chambre antérieure au-devant de l'iris sans le blesser?

De notre très courte expérience de la symphyséotomie est résultée pour nous cette conviction qu'il est aussi important d'apprendre à sectionner le pubis que d'apprendre à faire la version, et aussi que la craniotomie sur l'enfant vivant est une opération qui n'a plus sa place entre le forceps simple ou la version d'une part, et l'opération césarienne d'autre part : cette place est prise par la symphyséotomie, opération française, imaginée et pratiquée pour la première fois par l'angevin Sigault, et qui, au moins je le crois jusqu'à preuve du contraire, n'avait jamais été pratiquée à Angers ni en Anjou.

M. le Dr Dezanneau se permet d'être encore de l'avis du professeur Farabeuf, dont la démonstration l'a absolument convaincu de l'utilité du *protecteur*. Il faut se souvenir que cette opération peut et doit être pratiquée par tous les médecins ; il y a là, pour eux, un surcroît de sécurité qui n'est pas à dédaigner. Cet instrument isole le bistouri non seulement de la vessie, mais surtout des plexus veineux assez considérables de cette région, plexus dont la blessure a causé la mort par hémorragie, même après tamponnement. Cet instrument, qui est d'ailleurs encore employé par la plupart des symphyséo-tomistes, évite d'aller à petits coups et permet d'atteindre plus facilement le point à sectionner.

M. le D⟨r⟩ Monprofit ne connaît de publiée qu'une observation de mort par hémorragie par suite de la blessure de la *honteuse interne*. Le reproche principal qu'il fait à l'emploi du *protecteur* est celui d'obliger à mettre à nu toute la symphyse.

M. le D⟨r⟩ Monprofit :

Opération césarienne et myomectomie. Dystocie par corps fibreux.

Mère et enfant vivants (6 octobre 1894)

Je fus, au cours de l'année 1894, appelé à voir M⟨me⟩ C..., âgée de 28 ans, arrivée au cinquième mois de la grossesse. Cette dame était d'une assez bonne santé, mais avait fait antérieurement trois fausses couches qui toutes étaient survenues vers le troisième mois sans cause apparente.

La grossesse présente semblait devoir marcher normalement vers son terme ; toutefois on était amené à me consulter au sujet de douleurs vives se produisant dans le ventre et le bassin.

Lorsque je l'examine à ce moment, l'utérus remonte jusqu'à l'ombilic, un peu plus haut qu'il ne devait le faire, puisque nous n'étions qu'au cinquième mois de la grossesse ; il est porté très fortement à droite. Le ventre n'est douloureux qu'en un seul point, à gauche, dans la fosse iliaque, et il semble que dans le même endroit on sent profondément une résistance assez prononcée.

En pratiquant le toucher vaginal, on tombe immédiatement à peu de distance au-dessus de la vulve, sur une tumeur occupant le cul-de-sac postérieur et dédoublant la cloison recto-vaginale. Cette tumeur est d'une dureté ligneuse, elle est arrondie et lisse dans son ensemble, légèrement mamelonnée et rugueuse sur sa partie la plus saillante ; elle occupe toute l'excavation et ne laisse en avant entre elle et le pubis qu'un canal très étroit pouvant à peine recevoir deux doigts ; le col de la matrice est très haut, difficile à atteindre et porté en avant. Par le toucher rectal on trouve la même tumeur placée en avant du rectum et l'aplatissant contre le sacrum.

Il n'était pas douteux que nous avions affaire à une tumeur solide, de consistance extrêmement dure ; si cette tumeur avait été placée en arrière du rectum, et non en avant de lui, nous aurions pu penser à une tumeur osseuse implantée sur le sacrum. Son siège très net dans le cul-de-sac de Douglas, ne permettait de la rattacher qu'à la matrice ou à l'ovaire. Nous nous arrêtâmes au diagnostic de tumeur fibreuse de la matrice, enclavée dans le petit bassin. Au reste, la nature et l'origine même de la tumeur nous importent peu, au point de vue pratique : sa dureté, son immobilité, son irréductibilité bien constatées étaient les éléments importants qui devaient guider notre conduite ; il y avait là une masse résistante et incompressible, qui oblitérait d'une façon presque complète la cavité pelvienne et, dans ces conditions, il était facile de prévoir que l'accouchement spontané à terme serait impossible et qu'il ne serait pas possible de faire passer l'enfant mutilé, même morcelé par les voies naturelles.

Nous eûmes un moment la pensée de pratiquer l'ablation de la tumeur avant que la grossesse n'eût atteint son entier développement. Mais nous étions dans l'ignorance la plus complète sur les rapports qui pouvaient exister entre ladite tumeur et la matrice. Si nous intervenions par la voie vaginale, nous serions peut-être, au cours de l'opération, obligé de faire l'ablation totale de la matrice, si la tumeur se confondait avec elle ; par la voie abdominale la même éventualité pouvait se présenter ; dans l'un et l'autre cas, nous interrompions la marche de la grossesse, et nous étions conduit à l'hystérectomie totale pratiquée dans les plus mauvaises conditions.

Nous prîmes le parti de laisser la grossesse suivre son cours et de pratiquer l'opération césarienne au moment du terme normal, ou au début du travail s'il survenait prématurément.

Nous pouvions par ailleurs espérer, soit un déplacement, soit un ramollissement de la tumeur qui rendît toute intervention inutile.

Tous nos efforts tendirent à soutenir la santé générale, à calmer les douleurs et à éviter avec le plus grand soin toute interruption de la grossesse par un avortement.

La grossesse suivit son cours jusqu'au huitième mois, mais, un peu après cette date, la poche des eaux se rompit tout à coup ; les douleurs n'ayant pas débuté en même temps, nous crûmes pouvoir faire gagner encore quelques jours au fœtus, et nous prescrivîmes le repos au lit et des lavements laudanisés fréquemment répétés. Nous pûmes gagner encore une semaine, l'écoulement des eaux restant très modéré et aucune douleur n'apparaissant.

Au bout de ce temps, les coliques se manifestèrent et le travail débuta franchement. Un examen nouveau fit constater que la tumeur était engagée encore plus profondément dans l'excavation et que sa dureté ne s'était nullement modifiée. On ne pouvait introduire qu'un seul doigt entre elle et le pubis et il était impossible d'arriver jusqu'au col, dont la situation restait évidemment très élevée.

Dans ces conditions nous ne pouvions songer à une autre intervention que l'opération césarienne.

Toutes les précautions antiseptiques habituelles étant prises avec le plus grand soin, nous fîmes l'opération au domicile même de la malade, le 6 octobre 1894. Nous étions aidé par nos excellents confrères, MM. les docteurs Rousseau, Coignard et Marty, médecins major de l'armée.

La paroi abdominale étant incisée, la matrice fut mise à nu, sectionnée rapidement, et un fœtus vivant fut extrait; la délivrance fut aussitôt faite. Une compresse aseptique était fortement serrée autour de la partie inférieure de la matrice, afin de diminuer autant que possible l'écoulement du sang et, en effet, il fut peu important.

Attirant la matrice à l'extérieur, à travers la plaie abdominale, j'allais à la recherche de la tumeur perçue par le vagin et je trouvai, fortement enclavé dans l'excavation, un corps fibreux attaché à la face postérieure de la matrice par un pédicule gros comme le pouce, je l'attirai aussi à l'extérieur et liai le pédicule au ras de la matrice avec deux fils de soie plate ; j'enlevai alors la tumeur qui pesait 425 grammes. L'utérus fut réduit dans le ventre, recousu par deux plans de suture à la soie.

La cavité abdominale ayant été soigneusement nettoyée au moyen de compresses stérilisées, la paroi fut réunie selon notre pratique habituelle. Le pansement appliqué, la malade fut remise dans son lit; l'intervention avait duré cinquante minutes. Les suites opératoires furent aussi simples que possible et certainement plus bénignes que celles d'un accouchement un peu difficile par les voies naturelles. A aucun moment l'opérée ne souffrit du ventre, la température s'éleva le lendemain de l'intervention à 38°, et, pendant tout le reste de la crise, oscilla autour de 37°. Au bout de huit jours, le premier pansement fut fait, les fils enlevés, la plaie était réunie. Trois semaines après l'intervention, l'opérée se levait ; depuis, son état de santé est toujours demeuré excellent. L'enfant confié à une nourrice pesait, au moment de la naissance, 2 kil. 250.

Nous avons cru intéressant, Messieurs, de vous présenter cette observation. Nous avons été assez embarrassé au moment de la détermination opératoire à prendre. Il s'est trouvé que le parti qui nous paraissait d'abord le plus aventureux et le plus risqué a été aussi, en définitive, le plus prudent et le plus sûr pour la mère et pour l'enfant. Il en est souvent ainsi en chirurgie. Lorsque toutes les indications peuvent être remplies, l'opération d'abord la plus grave devient d'une bénignité parfaite, et les plus mauvaises interventions sont celles qui restent incomplètes. C'est vous dire qu'en pareille circonstance nous tiendrons la même conduite. Nous croyons d'ailleurs qu'avec la symphyséotomie et la césarienne, pratiquées selon les règles modernes, la sécurité d'interrompre la grossesse ou de pratiquer l'accouchement provoqué ne s'impose plus comme autrefois, dans une foule de cas. Les causes pathologiques restent seules, les obstacles mécaniques peuvent presque tous être tournés au terme normal, soit par la section césarienne, soit par la section de la symphyse.

Nous nous sommes décidé à faire la *césarienne conservatrice*, et non l'amputation utéro-ovarienne de *Porro*. Cette dernière intervention, qui mutilait notre malade et la faisait définitivement stérile, a été écartée par nous sans hésitation. Le fibrôme pédiculé étant enlevé, l'appareil génital, vagin, utérus, trompes et ovaires, était dans un état d'intégrité parfaite. La présence du fibrôme expliquait les avortements précédents, et il est probable qu'une grossesse prochaine, suivie d'un accouchement spontané et facile, inaugurera une série nouvelle dans la vie de notre opérée, bénéfice de notre intervention éminemment conservatrice !

L'infection vagino-utérine, qui impose si souvent l'opération de Porro dans beaucoup de cas, n'existait pas dans le nôtre, l'asepsie de tout l'appareil génital ayant été maintenue parfaite ; nous pouvions en toute sécurité garder la matrice.

C'est la conduite que nous avons suivie plus récemment dans le service de la maternité, avec le même heureux résultat, et c'est à celle-là que nous nous rattachons résolument toutes les fois qu'elle est indiquée et possible.

M. le Dr Dezanneau. — Il faut bien se rappeler que les fibrômes se ramollissent sous l'influence de la grossesse ; mais il s'agit, surtout dans ce cas, de tumeurs non pédiculées, de fibrômes intestitiels. Je pourrais citer en outre un cas de fibrôme utérin pédiculé enclavé dans le petit bassin ; pendant le cours de la grossesse, cette tumeur remonta au-dessus du détroit supérieur et permit l'accouchement.

M. le Dr Mordret (du Mans), ancien interne des hôpitaux de Paris :

Note sur un cas de gastrostomie pour cancer de l'œsophage

C'est le 11 septembre 1894 que je vis pour la première fois M. T... ; sa mère est morte d'une tumeur du sein. Agé de 52 ans, il n'a jamais eu de maladie grave ; d'un tempérament assez robuste, il aurait dans sa jeunesse surtout abusé de la boisson ; depuis longtemps il manquait d'appétit. Il ne peut préciser à quelle époque remonte chez lui l'apparition de vomissements glaireux le matin ; son estomac le fait surtout souffrir depuis deux ans, et il vomit de temps à autres, sans toutefois avoir vomi de sang. Depuis huit mois, il a eu de la difficulté pour avaler les solides ; puis, bientôt, il ne peut plus faire passer que les liquides et les bouillies. Depuis deux mois, les vomissements sont devenus beaucoup plus fréquents ; il rejette sitôt qu'il a ingéré et cela sans aucun effort. Il y a 48 heures qu'il n'a rien pu faire passer. Malgré cela son état général n'est pas trop déprimé, il a encore bonne apparence. On remarque seulement une teinte subictrique des conjonctives et son teint général est un peu jaune.

Le 12, au matin, il entre à la Villa Saint-Côme. Pour me rendre compte du siège du rétrécissement, j'introduis le tube œsophagien ; bien que je n'aie fait aucun effort, je ramène un peu de sang et le malade en crache quelques filaments. Le rétrécissement siège bas ; je me garde d'insister, ne voyant aucun avantage à faire une exploration plus complète avec les olives. Je prescris un repos absolu, des lavements nutritifs. Dans les urines il y a des traces d'albumine.

Sous l'influence du repos complet il commence à prendre un peu de lait ; au bout de 5 jours, je lui conseille de rentrer chez lui, car il est arrivé à absorber, dans les 24 heures, un litre de lait dans lequel on ajoute 4 à 5 jaunes d'œufs. Il gardera le repos le plus complet et aidera son alimentation par quelques lavements nutritifs. J'espérais que le spasme momentané qui avait augmenté la constriction ne se reproduirait pas, le malade usant de beaucoup de ménagement, et qu'il pourrait éviter une opération uniquement palliative.

Le 25, le malade rentrait à la maison de santé ; les vomissements fréquents avaient reparu ; il ne conservait pas en 24 heures plus de 100 à 150 grammes de lait. De plus, il avait des quintes de toux extrêmement pénibles, surtout quand il s'était efforcé de prendre quelque chose ; cette toux avait été si fréquente, la veille de son entrée, qu'il est brisé par la fatigue et ressent dans les hypochondres de violentes douleurs. Il sollicite ardemment l'opération. Je la crois parfaitement justifiée par le défaut d'alimentation, et surtout par cette instabilité du rétrécissement que je n'ai pas trouvé signalée dans les différentes observations qu'il m'a été donné de consulter. Dans le mémoire de MM. Terrier et Louis, il est bien dit, à propos de l'Observation III, que « la malade était atteinte d'un crachotement continuel qui la fatiguait beaucoup ». Tout autre est l'état de notre malade : sitôt l'absorption de liquide, qu'il le gardât ou qu'il le rejetât, il était pris de toux convulsive, rappelant, sauf le sifflement, les quintes de la coqueluche. C'était pour lui un supplice d'avaler. Cependant la poitrine ne révélait rien à l'auscultation. Y avait-t-il chez lui quelques noyaux du côté des ganglions trachéo-bronchiques ou une compression directe des pneumogastriques ? C'est à cette dernière supposition que nous nous arrêterions le plus volontiers. Nous avions donc un rétrécissement non seulement infranchissable, mais surtout *irritable*, et nous pensions que du jour où le rétrécissement serait mis au repos complet, où aucune parcelle alimentaire ne viendrait irriter sa surface et déterminer ce spasme convulsif, cet état si douloureux ne tarderait pas à cesser.

Nous n'avons pas à insister sur le manuel opératoire ;

nous avons suivi le procédé classique recommandé par le professeur Terrier, procédé simple, rapide et toujours applicable. Étant donné la rétraction de l'estomac chez notre malade, le procédé que vient de modifier Villar (de Bordeaux) ne nous eût pas paru applicable ; quant à essayer la formation d'un sphincter musculaire à l'aide des muscles droits, c'est compliquer une opération toujours d'urgence et sans grand avantage pratique. La modification de mon collègue Delagenière, qui rapproche l'ouverture de celle du pylore, me semble être avantageuse.

L'opération fut faite le 27 septembre, sous le chloroforme : Incision se dirigeant de l'extrémité de la neuvième côte gauche vers la ligne médiane et parallèlement au rebord costal, un travers de doigt au-dessous.

Le bord inférieur du foie, pris comme point de repère, conduit sur un estomac profondément rétracté qui est attiré et maintenu au dehors. Rien de suspect sur la surface de l'estomac ; mais, profondément, en avant de la colonne vertébrale et au-dessus du diaphragme, on sent une masse indurée. Rétrécissement de la plaie cutanée, fixation de l'estomac à la paroi, ouverture de la bouche stomacale aussi petite que possible, suture des bords aux lèvres de la plaie et pansement à la gaze salolée.

Les suites furent très simples ; pas de vomissement chloroformique. Nous n'avons à noter que l'apparition d'un ictère assez intense le troisième jour après l'opération ; il a diminué au bout de 48 heures, mais sans jamais disparaître complètement. Le troisième et le quatrième jour, le malade eut encore de fortes crises de toux ; les deux fois, l'attouchement du pharynx avec une solution cocaïnée au 1/20 produisit un excellent effet. L'alimentation du malade se faisait à l'aide d'une sonde en

caoutchouc rouge, calibre 14. On appliquait sur la plaie
de petits sachets de carbonate de magnésie.

Toute douleur avait disparu ; cependant, peu à peu, le
pansement fut de plus en plus mouillé, la fistule stomacale s'agrandit ; malgré cela la plaie gardait un aspect
satisfaisant. Le suc gastrique finit par s'écouler en quantité considérable et l'état du malade baissa rapidement.
A partir du 15 octobre, on remarqua du sang dans le
pansement ; la quantité augmenta beaucoup les jours
suivants, et, les deux derniers jours, à plusieurs reprises, il
en rejeta par la bouche en même temps que par son
ouverture stomacale. La mort est survenue le vingt-
cinquième jour après l'opération.

Bien que nous nous soyons conformé aux recomman-
dations de Harthmon et que nous n'ayons rien laissé dans
notre fistule, nous avons eu, mais au bout de quelques
jours seulement, de l'écoulement du suc gastrique.
Devons-nous l'attribuer à une trop grande ouverture de
l'estomac ? Nous ne pouvions cependant pas la faire plus
petite, puisque le premier jour elle donnait passage à une
sonde calibre 16.

Dans les observations de gastrostomie que nous avons
relevées, nous voyons souvent signalée la propagation du
cancer à la muqueuse de l'estomac, et c'est surtout dans
ces cas que l'on note l'écoulement du suc gastrique. Cet
écoulement semble également moins fréquent lorsque
le rétrécissement de l'œsophage ne siège pas directement
au-dessus du cardia. Ce sont là des points sur lesquels
nous nous permettons d'insister, croyant qu'on devrait
faire jouer dans les interventions de ce genre, au point
de vue des complications, un rôle très important à l'état
de la muqueuse de l'estomac.

N'est-ce pas l'explication de ces résultats splendides

obtenus dans la gastrostomie appliquée aux rétrécissements cicatriciels, où non seulement la fistule ne s'agrandit
pas, ne rend pas de suc gastrique, mais tend même à se
fermer. Il en fut ainsi dans le cas signalé par MM. Monod
et Segond où le laps de temps écoulé, 3 ans et 11 ans, fit
rejeter la possibilité de toute lésion cancéreuse.

S'il en était ainsi, les différents procédés opératoires
n'auraient pas grande importance ; le plus simple serait le
meilleur ; c'est ailleurs, dans la propagation du mal
lui-même, qu'il faudrait chercher la cause des complications. Cet écoulement du suc gastrique devient une
cause d'affaiblissement considérable pour les malades,
d'autant plus qu'ils ne peuvent lutter par une alimentation suffisante. Il m'a toujours semblé, dans le cas qu'il
m'a été donné d'observer, que l'estomac supportait le
plus difficilement la nourriture précisément les jours
où l'écoulement du suc gastrique avait été plus considérable.

25 jours de survie, c'est peu encourageant ! Et cependant pouvions-nous espérer davantage ? Que de fois le
résultat n'est pas meilleur ! Notre malade ne passait plus,
en 24 heures, qu'une quantité insignifiante de lait, et cela
au prix de cruelles souffrances. Il avait une coloration
ictérique qui, bien que le foie ne fût pas augmenté de
volume, faisait craindre de ce côté quelque propagation ;
enfin il est mort tout à la fois d'épuisement et de propagation de sa lésion à la muqueuse stomacale, comme en
témoignent les nombreuses gastrorrhagies qu'il a présentées dans les derniers jours de sa vie.

Nous n'avons pas à regretter de l'avoir opéré, car la
gastrostomie a été pour lui un énorme soulagement : elle
est restée une opération d'une extrême simplicité, n'ayant
pas un seul jour entraîné une élévation de température ;

malgré l'écoulement du suc gastrique, la plaie cutanée était en bon état.

Nous nous demandons cependant si la gastrostomie est bien l'opération d'urgence, alors que le mal siège auprès de l'orifice du cardia et qu'on doit craindre une propagation à la muqueuse. Elle nous semble devoir, dans ce cas, rester une intervention absolument ultime et destinée uniquement à soulager le patient. Une alimentation même défectueuse par la bouche nous paraît préférable à la fistule. Ne donne-t-elle pas, en effet, un coup de fouet à l'affection qui se propagerait plus rapidement du côté de la muqueuse stomacale ? L'écoulement du suc gastrique ne vient-il pas contribuer encore à l'affaiblissement du sujet, puisqu'il ne semble pas possible d'affirmer que l'on soit certain de l'éviter et qu'on le voit signalé dans les observations de nos maîtres les plus éminents ? N'y aurait-il pas lieu de s'éloigner davantage du siège du mal, de conserver le libre cours du suc gastrique, de recourir plus souvent à la jéjunostomie, réservant la gastrostomie, l'opération de choix, pour les rétrécissements cicatriciels ou pour les rétrécissements cancéreux siégeant à la partie moyenne ou supérieure de l'œsophage ?

M. le Dr Monprofit partage les réserves de M. le Dr Mordret ; si la lésion envahit l'estomac, la jéjunostomie lui semble préférable. Il a eu l'occasion de faire une gastrotomie pour un rétrécissement de la partie inférieure de l'œsophage par un liquide caustique : les résultats immédiats furent parfaits. Malheureusement, l'opéré succomba à une complication assez fréquente : ouverture de la poche œsophagienne sus-cicatricielle dans la cavité pleurale.

M. le Dr Dezanneau trouvé que l'on ne pratique pas assez souvent cette opération, qui est d'une exécution facile et peut procurer une survie assez prolongée, surtout dans le cas de rétrécissement cicatriciel.

M. le Dr Mordret fait une grande différence entre les rétrécissements cicatriciels et les rétrécissements cancéreux : Dans le premier cas, il faut opérer vite ; dans le second cas, la grave difficulté est de savoir si l'estomac est atteint, si l'on doit ouvrir l'estomac ou le jéjunum, si l'on doit opérer le plus tôt ou le plus tard possible ; en opérant de bonne heure on soulage le malade, mais on ne peut éviter l'écoulement du suc gastrique qui épuise les malades. Il serait heureux d'avoir sur ce point l'avis de ses collègues.

M. le Dr Dezanneau conseille d'attendre dans le cas de rétrécissement cancéreux ; il arrive souvent, en effet, que ce rétrécissement disparaît sous l'influence du progrès de l'ulcération.

M. le Dr Vaslin, ancien interne des hopitaux de Paris, professeur suppléant à l'École de Médecine d'Angers, médecin adjoint à l'Hôtel-Dieu :

Orthopédie et résections orthopédiques

Avec le XIXe siècle commence l'étude véritablement scientifique de l'orthopédie. Jusqu'en 1830, on emploie la gymnastique et les appareils.

En 1836, nous voyons intervenir définitivement la ténotomie et la myotomie. Ces deux opérations furent dans notre pays et à l'étranger les bases de l'orthopédie moderne.

Plus tard, suivant une nouvelle doctrine d'après laquelle toutes les déformations, même celles du système osseux, étaient ramenées à la rétraction des muscles et des aponévroses, on s'attaqua exclusivement à ces organes. Mais la section des parties molles ne suffisait pas; on en vint à celle des os.

Aujourd'hui, grâce à des résections étendues, on peut obtenir la réduction des difformités les plus graves du pied, ainsi que le démontre le fait suivant :

Résection orthopédique des deux rangées du tarse avec ablation de la malléole externe, ténotomie du tendon d'Achille à section sous-cutanée de l'aponévrose plantaire, pour réduction de pieb-bot varus équin double congénital, compliqué de mal perforant, chez un adulte.

X..., âgé de 27 ans, né à Châteaulin, dans le Finistère, est issu de parents bien constitués et exempts de vice de conformation. Il a trois sœurs, très fortes et ne présentant aucune difformité. Ce jeune homme est atteint, depuis sa naissance, de pied-bot varus équin double.

Dès sa plus tendre enfance, on essaya un traitement orthopédique qui ne produisit aucun résultat avantageux. Il grandit avec cette disposition vicieuse des deux pieds, pouvant marcher avec une chaussure spéciale. Il s'occupait aux travaux agricoles et ne les cessa qu'au mois de septembre 1889. Sur chaque point ou surface de sustentation était survenu un ulcère, avec inflammation phlegmoneuse de tout le pied, fièvre septicémique et impossibilité de se tenir debout.

C'est dans ces conditions, qu'il entra à l'Hôtel Dieu d'Angers, service de clinique chirurgicale. Il y resta deux mois et en sortit après avoir refusé le traitement qui lui fut proposé. Vers la fin d'avril 1890, X... me fit appeler et je constatai l'état suivant :

Chaque pied est dans l'adduction en même temps que dans l'extension forcée et par suite tourné sens dessus dessous. L'astragale et le calcanéum sont restés à peu près dans le même axe antéro-postérieur ; mais l'avant-pied a pris une direction transversale et forme avec l'arrière-pied un angle presque droit. Le pied paraît comme plié en deux. Le seul et unique point de sustentation siège au sommet de l'angle médio-tarsien et correspond à la face dorsale du cuboïde. A ce niveau, la peau est considérablement épaissie. Il s'y est développé une bourse séreuse actuellement en pleine suppuration et accompagnée d'une ulcération permanente.

Sur la face dorsale, regardant directement en avant et transversalement, une saillie attire immédiatement l'attention. C'est la tête de l'astragale dont le corps paraît sorti, en grande partie, de la mortaise tibio-péronéale. Cet os est subluxé. Cette face, sur le reste de son étendue, est rétrécie et très bombée, par suite du tassement de la seconde rangée du tarse et le rapprochement en adduction forcée des métatarsiens. Les orteils obéissant au même mouvement que les métatarsiens, sont serrés les uns auprès des autres, à un tel degré que le gros orteil est en contact avec le petit.

Du côté de la face plantaire, la disposition est inverse. Elle regarde en arrière et en haut. Le talon est dévié en dedans et remonte au-dessus des malléoles. Il est petit, séparé de l'avant-pied par un creux correspondant à l'interligne médio-tarsienne et limité profondément par l'aponévrose plantaire fortement rétractée. Sur ce sillon, vient tomber perpendiculairement une dépression, qui occupe le grand axe du pied. De sorte que la face plantaire, suivant toute l'étendue de l'avant-pied, est transformée en une gouttière de trois centimètres de largeur, se terminant par les orteils serrés les uns contre les autres par leur face plantaire, le premier en contact avec le cinquième.

Les articulations tibio-tarsienne et médio-tarsienne sont rigides. Celles des métatarsiens et des orteils sont mobiles. Le tendon d'Achille est fortement rétracté ainsi que l'aponévrose plantaire. Les tendons des fléchisseurs et des extenseurs des orteils participent à la déviation du pied et communiquent les mouvements de flexion et d'extension qui leur sont dévolus. Les muscles, très atrophiés, ont cependant conservé leur motilité et leur sensibilité électro-musculaire.

Pour la progression, notre infirme soulevait chaque membre tout d'une pièce, en faisant successivement passer un pied par-dessus l'autre. Mais aujourd'hui, il est condamné au repos absolu.

Chaque pied ressemble, comme aspect et comme usage, à ces moignons coniques tarsiens renversés en arrière, que l'on observe après la chute spontanée ou artificielle de l'avant-pied et dont l'extrémité ne peut supporter la plus légère pression.

Ce jeune homme a non seulement perdu l'aptitude locomotrice, mais la nutrition de chaque pied est gravement compromise par le mal perforant, affection qui tend à envahir en profondeur, pour désorganiser.

Le traitement indiqué est de réduire la difformité et d'assurer la permanence de la réduction. Ce résultat ne peut être obtenu que par une intervention chirurgicale considérable. Car, dans ce cas, les obstacles à la réduction résident dans la déformation du squelette, la rétraction du tendon d'Achille et de l'aponévrose plantaire.

L'analyse de cette difformité si complexe nous conduit donc à formuler la technique suivante : Pour triompher de l'extension forcée du pied ou de l'équinisme, il est nécessaire de commencer par la ténotomie du tendon d'Achille et l'ablation de l'astragale en entier. Mais dans quelles proportions devra-t-on agir sur les autres os du tarse pour réduire l'attitude vicieuse de l'avant-pied sur l'arrière-pied ? Ce problème ne pouvait être résolu que dans le cours de l'acte opératoire.

Le 24 juin 1890, avec l'assistance de mes distingués confrères, MM. Cotelle et Quintard, l'opération est exécutée de la façon suivante sur le pied gauche :

Antiseptie préalable et anesthésie avec chloroforme.

Une incision courbe, de 15 centimètres, part du bord externe du tendon d'Achille, sectionné à quelques centimètres au-dessus du talon, passe sous la malléole externe et se termine sur le cou-de-pied, à peu de distance des tendons extenseurs.

Une seconde incision de sept centimètres descend obliquement, du milieu de la précédente, jusqu'au niveau de l'angle médio-tarsien. Ces deux sections cutanées représentent un *T* majuscule.

Par la voie de la première, l'articulation tibio-tarsienne est rapidement ouverte. Les tendons des péroniers sont divisés. Ensuite l'astragale est extrait sans léser les insertions calcanéennes du grand ligament latéral interne. Par suite de la ténotomie du tendon d'Achille et de l'ablation de l'astragale, l'extension forcée du pied est en grande partie corrigée.

Cependant la mortaise tibio-péronéale est reconnue trop étroite, pour recevoir la face supérieure du calcanéum et le scaphoïde gêne aussi cet emboîtement. Mais sitôt que j'eus réséqué la malléole externe à sa base et fait disparaître le scaphoïde, l'adaptation des surfaces tibio-péronéale et calcanéenne devint parfaite.

Restait à réduire l'adduction ou la flexion de l'avant-pied sur l'arrière-pied. Au lieu de tailler un coin à base externe dans le tarse, je procède à la désarticulation du cuboïde et du troisième cunéiforme. Il en résulte une cavité de réception suffisante pour loger la grande apophyse du calcanéum. Je termine par une section sous-cutanée de l'aponévrose plantaire, au niveau de l'interligne médio-tarsienne, et immédiatement les métatarsiens et les orteils s'écartent, s'étalent et prennent une attitude ou une direction normale.

La difformité est désormais réduite, le pied est à angle droit sur la jambe et son axe suit la direction de celui du membre inférieur.

Pansement. — Il n'est fait aucune suture osseuse ou tendineuse. Les téguments sont réunis par vingt points de suture avec fils de Florence, un drain s'engageant dans la profondeur sort au point d'intersection des deux incisions, c'est-à-dire au voisinage dé l'extrémité inférieure du péroné.

Deux fortes attelles plâtrées, l'une postérieure en forme de gouttière, l'autre antérieure moulée sur la jambe et le pied, s'étendent de l'extrémité des orteils jusqu'à l'aine. Elles assurent l'immobilité du pied et la permanence de sa réduction. Le pied et l'extrémité inférieure de la jambe sont entourés de gaze phéniquée et de deux fortes couches d'ouate hydrophyle et hydrophobe.

Le drain est extrait le dixième jour, les sutures sont enlevées successivement du dixième au douzième jour. Les suites de l'opération se passèrent sans complications, sauf un abcès au niveau de la malléole interne.

Le vingt-cinquième jour, les attelles plâtrées sont sup-primées et le pied est maintenu dans sa rectitude acquise, à l'aide d'un appareil très simple, composé d'une sandale en bois, munie de deux attelles latérales en treillis de fil de fer, remontant de chaque côté de la jambe, jusqu'au niveau du genou. Le trentième jour, l'opéré peut s'appuyer sur le pied redressé. Le quarantième jour, on peut en prendre le moule pour faire une chaussure (brodequin). À la fin du troisième mois (90 jours), je présentai l'opéré à mes collègues de la Société de médecine (séance du 1er octobre 1890).

Résultat. — Le pied gauche est à angle droit sur la jambe, son axe dans la direction de celui du membre inférieur. La néarthrose du cou-de-pied est très solide, malgré l'ablation de la malléole externe, qui est d'ailleurs en partie régénérée. La rigidité de la nouvelle articulation tibio-tarsienne n'a pas d'effet nuisible, car la motilité et la laxité de la néarthrose médio-tarsienne procurent à la nouvelle voûte osseuse du pied toute la souplesse nécessaire pour ses fonctions.

Du côté de la face plantaire, on observe une configuration presque normale. La voûte plantaire est reconstituée avec ses trois piliers, le talon et les extrémités du premier et du cinquième métatarsien : ce dernier par la jonction de la grande apophyse du calcanéum, avec la tête des quatrième et cinquième métatarsiens. Toutefois, la grande apophyse calcanéenne est un peu saillante sur le côté externe du pied ; mais si elle est disgracieuse, elle ne gêne nullement.

La surface plantaire offre vingt-deux centimètres de longueur, sur neuf à dix de largeur au niveau de la région métatarsienne. L'appareil musculaire de la jambe et du pied s'est notablement accru depuis l'opération.

De ce fait se dégagent les conclusions suivantes : Le désossement ou la résection systématique des deux rangées du tarse, avec section fibreuse et tendineuse concomitante, est un procédé, qui permet de réduire le pied-bot varus équin congénital de l'adulte, arrivé à la période extrême de déformation avec complication du mal perforant.

On peut réséquer la malléole externe, sans porter préjudice à la solidité de la néarthrose tibio-tarsienne. Mais le calcanéum, devra, autant que possible, être conservé en entier. Le rôle considérable que cet os joue dans la forme du pied et la statique de l'individu suffit à montrer l'utilité qu'il y a de le conserver, sinon totalement, du moins en ne sacrifiant qu'une tranche de sa grande apophyse.

Le pied droit a été opéré suivant le même procédé le 16 décembre 1890.

La séance est levée à 11 h. 1/2.

Docteurs LEPAGE et ROYER, *secrétaires*.

⸻⸻

Séance du Soir

MÉDECINE — PHARMACIE — HYGIÈNE

La séance est ouverte à 8 heures.

M. le Dr Charier, professeur suppléant d'anatomie à l'École de Médecine d'Angers, médecin adjoint à l'Hôtel-Dieu, chef des travaux anatomiques :

Intoxication saturnine par chauffage avec de vieux bois de démolition

Dans le courant de l'été dernier, j'ai été demandé chez M. B..., avenue de Contades, atteint de colique saturnine : colique, constipation, ventre rétracté et enfin le liséré gingival caractéristique.

7

Comme je demandais s'il était peintre, il me répondit qu'il était employé à la gare, et rien dans sa profession ne pouvait produire l'intoxication saturnine. Je me suis rappelé alors que deux mois avant Mme B... était venue me consulter pour des coliques avec constipation, et, en examinant la langue, j'avais vu l'altération des gencives ; mais cette dame était enceinte de quatre mois, et je n'avais pas songé à la possibilité du saturnisme.

Le jour de ma consultation au mari, la dame présentait encore le liséré saturnin ; on me dit que l'un et l'autre avaient fréquemment des coliques depuis plusieurs mois. La cause à incriminer était commune et il m'a été impossible de la trouver le premier jour.

Le lendemain, nouvelle enquête, et, ne trouvant rien, je pris le parti de passer en revue toute la maison; car si la cause n'était pas découverte, il n'y avait pas de raison pour que l'intoxication cessât. J'ai examiné successivement les conduites d'eau, le fourneau, la chaudière qui renferme de l'eau chaude, les plats, couvercles, assiettes, etc., etc. Je désespérais de trouver quand j'aperçus à terre une planche cassée garnie de peinture.

M. B... avait acheté quelques mois auparavant de vieux bois de démolition qui servaient de bois de chauffage. Ces bois n'étaient pas brûlés dans une cheminée, mais dans un de ces fourneaux, si fréquents chez les ouvriers, qui sont dans la chambre et ont un tuyau de dégagement dans la cheminée. La cuisine était faite sur le fourneau et non pas dedans, car ces fourneaux n'ont pas les grands fours des fourneaux économiques dans lesquels on fait cuire les aliments. Ce n'était donc pas par l'alimentation que s'était faite l'intoxication.

Nous savons que le métal chauffé se laisse facilement traverser par les gaz et, dans le cas qui nous occupe, la céruse a été brûlée dans le foyer du fourneau, les vapeurs saturnines ont traversé les parois du foyer souvent portées au rouge et se sont répandues dans l'atmosphère. L'intoxication a eu lieu par les voies aériennes.

Ce fait me remet en mémoire un fait analogue que j'ai autrefois entendu raconter par Vulpian. Une véritable épidémie de coliques de plomb s'était produite dans un quartier de Paris. La cause était un boulanger qui chauffait le four avec des bois de démolition. La combustion de ces bois constitue donc un danger qu'il est important de connaître.

M. le Dr Chevallier, maire de Segré :

Empoisonnement aigu par le plomb, après ingestion de lait écrémé, dit petit lait, contenu dans des vases de poterie commune vernis à la galène.

Le 4 septembre dernier, à 11 heures du soir, j'étais appelé auprès d'une famille B..., à Aviré. Cette famille est composée de sept personnes : le père, maçon, travaillant hors du bourg, la mère, âgée de 42 ans, et cinq enfants, le plus jeune étant encore au biberon, les quatre autres étant échelonnés comme âge de 5 à 14 ans.

Tous avaient absorbé, vers 4 heures du soir, du lait écrémé, dit petit lait, pris chez une dame voisine qui le leur avait donné. Le petit lait était contenu et avait séjourné depuis l'avant-veille dans un vase en terre vernissé en brun-marron.

Dans toute la journée, la famille n'avait mangé qu'une soupe aux petits pois, cuite dans un pot émaillé. Il faut rejeter la possibilité de l'intoxication par ce mets, puisque le père de famille, absent le soir, mangea le lendemain matin un reste de cette soupe, ayant séjourné toute la nuit dans ce pot émaillé, sans en être incommodé.

Donc, le 4 septembre, vers 4 heures, la mère et ses quatre enfants aînés, mangent ou boivent du petit lait. La quantité absorbée, entre eux tous, n'est pas très considérable, puisque la totalité ne représentait guère plus de trois litres, la mère en absorbant bien la moitié à elle seule. Quelques heures plus tard, la mère et les enfants sont pris de douleurs violentes d'estomac et d'entrailles, de vomissements, de diarrhée, de refroidissement, de sécheresse à la gorge. Tous ont une fièvre intense avec tendance à la lipothymie et aux refroidissements. La pression du ventre les soulage. Seuls, le petit enfant encore au biberon, qui n'avait pas goûté à ce lait, et le père qui, étant absent, n'en avait pas pris, n'étaient pas malades. Mais la mère et les quatre autres enfants étaient pris des mêmes symptômes, prouvant bien qu'ils étaient sous le coup d'un empoisonnement aigu. Deux des enfants se remirent vite ; ils avaient pris moins de petit lait que leur mère et leur frère et sœur qui restèrent malades plusieurs jours.

Aux symptômes précédents vinrent s'ajouter bientôt chez la mère des crampes dans les jambes, des maux de tête atroces, de la raideur absolue du cou ; la peau était terne et plombée, et de violentes douleurs, partant de la poitrine, s'irradiaient dans l'épaule et le bras gauche jusqu'au bout des doigts, comme dans l'angine de poitrine des saturnins. L'urine était albumineuse. Un des petits garçons avait les mêmes symptômes, mais moins marqués que chez la mère qui resta en très grand danger pendant cinq ou six jours jusqu'au 9 septembre.

A ce moment le mieux s'accentua, mais la guérison fut longue à obtenir entière.

Donc, les cinq personnes ayant bu du petit lait contenu dans le vase verni à la galène furent toutes malades ; les deux membres de la famille qui n'y avaient pas goûté, le père absent, l'enfant à la mamelle servaient de témoins, dans le cas présent, par leur bonne santé persistante.

Pour prouver que le toxique était bien dans le petit lait incriminé, j'en emportai un litre dans une bouteille en verre pour l'examiner.

Avec l'aide de M. Robin, pharmacien à Segré, nous sommes arrivés à prouver facilement, ainsi qu'il suit, que le petit lait contenait bien du plomb, rendu soluble par les acides acétique, lactique et butyrique du petit lait, et ne contenait pas trace d'arsénic, comme on aurait pu le supposer, en présence des accidents suraigus des patients, étant connu qu'un certain nombre de ces poteries communes sont vernissées au vert arsenical.

Voici d'ailleurs la note qui m'est remise par M. Robin :

Recherche des traces de plomb et d'arsenic contenues dans un litre de lait écrémé, remis par M. le Dr Chevallier, de Segré (Maine-et-Loire), le 5 septembre 1894.

Le lait soumis à nos recherches avait séjourné *quarante-huit heures* environ, dans une terrine servant depuis de nombreuses années de *crémière* et dont le vernis intérieur était usé.

La terrine, par son type, semble se rapporter à la fabrication des poteries *dites de Paris,* dont on emploie pour leur fabrication la terre argileuse de Vaugirard mêlée au sable, et pour couverte un mélange de terre glaise, de sable, de minium et de peroxyde de manganèse.

Nous basant sur la propriété qu'a le *plomb* d'être attaqué très rapidement en présence des acides faibles, comme l'acide acétique et même l'acide carbonique, nous avons opéré sur un demi-litre de lait. Les procédés employés sont ceux en usage et connus. Le résidu traité et repris par l'eau distillée a été soumis aux réactifs hydrogène sulfuré, iodure de potassium, chromate de potasse et ammoniaque, qui nous décelèrent nettement la présence du *plomb*, tandis que les réactifs de l'*arsenic* ne nous accusèrent pas la présence de ce sel (procédé de Marsh y compris).

Nous avons procédé au dosage du *plomb* par la méthode d'Yvon, basée sur la précipitation du plomb par le ferro-cyanure de potassium en présence de l'acide acétique. Trois opérations successives nous ont donné les résultats suivants :

PAR LITRE

1ʳᵉ opération	0ᵍʳ365
2ᵉ —	0ᵍʳ370
3ᵉ —	0ᵍʳ362

En résumé, nous concluons :

1º Que le lait examiné contient du plomb et pas d'arsénic.

2º Que le plomb contenu dans le lait semble provenir de la crémière, dont le vernis usé, de couleur brun-marron, contenant du sulfure de plomb, a été attaqué par les acides du lait pendant les quarante-huit heures de son contact.

RÉSUMÉ

De cette observation résulte clairement une fois de plus le danger d'employer toutes ces poteries communes vernies au minium et à la galène, et la nécessité d'une surveillance active au moment de leur fabrication et de leur mise en vente.

Un phénomène très curieux, sur lequel j'appelle l'attention de mes collègues, a été la présence chez la mère, comme symptôme marqué, de la douleur particulière aux angineux de poitrine (douleur aiguë dans la poitrine s'irradiant dans le bras gauche jusqu'au bout des doigts).

Le symptôme n'a d'ailleurs jamais reparu chez cette femme, qui se porte bien et n'a pas le moindre signe de maladie de cœur.

M. le Dr Laurent rappelle l'intoxication saturnine par l'incinération des cartes de visite. Mais ce mode d'empoisonnement devient de plus en plus rare par suite des changements apportés dans le mode de fabrication du cartonnage.

M. Raimbault, pharmacien en chef de l'Hôtel-Dieu d'Angers, rappelle qu'en 1868 de nombreux cas d'empoisonnement occasionnés par l'emploi de poteries vernissées attirèrent l'attention du Conseil d'hygiène départemental qui fit une enquête : sur seize échantillons, six donnèrent la réaction des sels de plomb. Le Conseil émit alors le vœu qu'une décision préfectorale exigeât une cuisson plus considérable et l'addition de sable à la composition, pour rendre les poteries moins attaquables par les fermentations acétiques, lactiques ou autres. Le Conseil demandait même qu'on exigeât des fabriques l'apposition d'une estampille sur chaque objet fabriqué, pour qu'en cas d'accidents on pût remonter à l'auteur responsable.

M. le Dr Dezanneau pense que les liquides qui doivent être le plus incriminés par leur action sur le vernis des poteries sont le petit lait et les boissons fermentées, cidres, poirés et autres.

A propos de la communication de M. le Dr Charrier, il pose en outre cette question : Sous quelles formes les sels de plomb, contenus dans les bois peints, utilisés comme bois de chauffage, pénètrent-ils dans l'organisme?

M. Gaudin pense qu'il faut dans ce cas incriminer surtout les cendres qui sont répandues avec les poussières sur le sol, sur les meubles et dans l'atmosphère de la pièce. Ce sont donc surtout les cendres remuées et absorbées qui deviennent un danger et non pas la combustion elle-même.

———

M. le Dr Charrier :

Asepsie du milieu obstétrical

Chacun de nous a pu remarquer dans l'exercice de sa profession combien sont fréquentes les maladies de l'utérus et de ses annexes ; je laisse de côté les kystes de l'ovaire, corps fibreux, carcinomes utérins, dont les causes nous sont inconnues, pour ne parler que des affections courantes qu'on voit tous les jours à la consultation. Quand une femme souffre dans le ventre, on trouve ordinairement une des affections suivantes : granulations du col avec ectropion de la muqueuse cervicale, métrite interne, métrite chronique, cordon induré de la salpingite, tuméfaction des ligaments larges, pelvi-péritonite partielle localisée au cul-de-sac de Douglas et ayant déterminé la rétroversion de l'utérus, quelquefois avec adhérence des poches suppurées périutérines. Les cas dans lesquels on intervient chirurgicalement sont peu nombreux relativement au nombre total des cas observés chaque jour, parce que les malades supportent leur infirmité et ne se décident à se faire opérer que si les douleurs deviennent intolérables, ou si elles ne peuvent plus gagner leur vie.

Quand on recherche la cause de ces maladies si fréquentes, les femmes invoquent toujours la même raison : un accouchement ou une fausse couche auxquels elles attribuent l'origine de leur mal, et je crois pouvoir dire que le quart des femmes qui ont eu des enfants souffrent dans le ventre.

Il est admis sans conteste que toutes ces maladies : métrites, salpingites, péritonites partielles, etc., sont d'origine septique, et un accouchement qui n'a pas été rigoureusement aseptique, peut être le point de départ de lésions qui n'attireront l'attention de la malade et du praticien que quelques mois ou même quelques années plus tard.

Voilà, Messieurs, des faits que nous observons tous les jours ; je ne cite pas d'observations parce qu'elles sont toutes les mêmes et peuvent se résumer en un mot : Affection utérine ou périutérine, consécutive à un accouchement ou à une fausse couche.

Dans un accouchement, on se préoccupe d'asepsier l'accoucheur et la malade, mais il est un autre facteur, cause fréquente d'infection à mon avis, dont on ne s'occupe jamais, c'est le milieu où se fait l'accouchement.

Je sais, Messieurs, que cette opinion va être critiquée,

mais permettez-moi de développer ma pensée en vous faisant remarquer que je considère l'asepsie de l'accoucheur et de la malade comme des faits acquis, et que je ne m'occupe dans ce travail que de l'asepsie du milieu.

Jetons un regard autour de nous, et voyons les soins dont les chirurgiens entourent leurs malades au point de vue de l'asepsie du milieu.

Les salles de chirurgie sont vastes, aérées, l'encombrement en est sévèrement proscrit, le mobilier est simple, facile à désinfecter, chaque malade entrant est couché sur un matelas neuf, etc., etc.

Si on crée un service de chirurgie, on désinfecte au préalable tous les bâtiments, et pas un chirurgien n'accepterait de placer ses malades dans une salle où il y aurait eu autrefois des pneumonies, des oreillons, des rougeoles, varioles, érésypèles, en un mot des affections septiques quelles qu'elles soient.

Les salles d'opération sont aménagées d'une façon spéciale, et vous savez avec quel luxe antiseptique ; il n'y a pas besoin d'insister.

Quand un chirurgien doit opérer en ville, si l'opération est un peu grave, il conseille d'entrer dans une maison de santé, où son blessé pourra être traité d'une façon aseptique, parce qu'il lui est impossible d'obtenir une asepsie parfaite dans une maison particulière. Vous voyez que la question de l'asepsie du milieu a préoccupé avec raison les chirurgiens.

Malheureusement, il n'en est pas ainsi pour les accouchements.

Une femme accouche n'importe où, si je peux me servir de cette expression ; si sa chambre est à peu près propre, tant mieux ; si elle ne l'est pas, personne ne s'en préoccupe.

Dans les classes aisées, le médecin est souvent prévenu à l'avance de l'accouchement et il peut donner des conseils qui bien souvent ne seront pas écoutés.

Dans les classes ouvrières, et surtout dans les classes pauvres, on fait appeler la sage-femme ou le médecin quand la femme est en travail, et c'est bien le cas de dire que la femme accouche où elle peut. Si, à ce moment, l'accoucheur prend le soin d'asepsier lui-même ses instruments et la malade, il est trop tard pour songer à l'antisepsie du milieu où il se trouve.

Je fais appel aux souvenirs de mes confrères, médecins de sociétés de secours mutuels, médecins de bureaux de bienfaisance, praticiens à la campagne, et je leur demande de se rappeler dans quels milieux infectés ils ont été parfois obligés de faire des accouchements.

La femme est dans un lit dont les draps n'ont pas été changés depuis plusieurs mois ; dans la chambre commune, qui sert en même temps de cuisine, sont couchés plusieurs enfants ; ces enfants ont pu avoir la rougeole quelques semaines plus tôt, peut-être même la scarlatine, et la chambre n'a pas été désinfectée pour si peu de chose.

Je crois, et c'est là l'idée essentielle et particulière de ce travail, que toute maladie infectieuse, quelle qu'elle soit, est susceptible de créer un foyer septique capable d'infecter une femme en couches.

L'érysipèle et la scarlatine sont les deux maladies par excellence capables d'infecter une femme en état puerpéral, cela est un fait entendu, admis par tous. Mais pourquoi vouloir reserver cette action nuisible sur l'état puerpéral à ces deux seules maladies. A mon avis, il ne faut pas restreindre le cadre de l'infection, il faut envisager la chose d'une façon plus large et plus générale, et ce que vous acceptez pour les deux maladies que je viens de nommer, je l'accepte pour toutes les maladies infectieuses sans exceptions, telles que la rougeole, la variole, la pneumonie, la grippe, la fièvre typhoïde, etc.

Il y a quelques mois, j'ai cité à la Société de Médecine l'observation d'une jeune accouchée qui eut un commencement d'infection que j'ai attribué à ce fait que l'accouchement s'était fait dans une chambre où il y avait eu de la fièvre typhoïde pendant quatre mois quelque temps auparavant. Je dois reconnaître que je n'ai convaincu personne et qu'à quelques jours de là, un de mes confrères, qui veut bien m'honorer de son amitié, me prit à part pour me dire d'une façon fort aimable que je m'étais alarmé à tort, que la malade n'avait pas été si en danger que je croyais, qu'en un mot j'avais dû me tromper.

Je ne veux pas dire que toute femme qui accouche dans un milieu qui n'est pas parfaitement aseptique, va forcément avoir une fièvre puerpérale qui va mettre ses jours en danger ; je veux dire seulement que tout milieu non aseptique est capable d'engendrer une lésion, quelquefois si minime qu'elle va passer inaperçue, que cette lésion peut rester à l'état latent pendant un temps plus ou moins long, mais aussi qu'elle peut être le point de départ et la cause de ces affections si nombreuses pour lesquelles les malades viennent nous consulter bien longtemps après leurs accouchements.

Au point de vue théorique, on peut m'objecter qu'il n'y a pas d'analogie entre la scarlatine et l'érysipèle d'une part et les autres maladies infectieuses ; que les deux premières peuvent seules produire la fièvre puerpérale, ce que tout le monde admet, mais que la fièvre puerpérale ne peut pas être engendrée par la rougeole ou la fièvre typhoïde. La réponse à cette objection est facile : Les affections septiques de l'utérus et des annexes sont nombreuses et variées, et il ne convient pas de les ranger toutes sous l'étiquette unique de fièvre puerpérale. Si l'érysipèle engendre une sorte d'intoxication que l'on est convenu d'appeler fièvre puerpérale, une autre maladie infectieuse peut produire une autre intoxication toute différente, mais également d'origine septique. Le mot puerpéral ne désigne qu'un groupe d'affections septiques, mais ne les englobe pas toutes. En outre, il ne faut pas oublier qu'un bacille déterminé peut produire, en restant toujours le même, les maladies les plus diverses, comme le bacterum coli ou le pneumocoque. Nous savons, en effet, que le pneumocoque produit non seulement la pneumonie, mais encore des pleurésies purulentes à évolution particulière, des méningites ou des angines infectieuses.

Si un même bacille peut produire plusieurs lésions, pourquoi ne pas admettre que plusieurs bacilles peuvent produire une seule lésion ; il me semble donc naturel d'admettre que la plaie utérine puisse être infectée de plusieurs manières, et c'est pourquoi je disais tout à l'heure que je croyais toutes les maladies infectieuses susceptibles d'infecter l'utérus au moment de l'accouchement.

Cette manière de voir est confirmée par ce que dit Charrin à propos des intoxications ; je le cite textuellement : « Il n'est plus possible de penser qu'à chaque maladie correspond un microbe spécial, déterminé ; il n'est plus permis d'admettre qu'il suffit d'aller à la recherche de germe en germe, de culture en culture, de tube en tube, de bouillon en bouillon ; il n'est plus licite de supposer qu'on doit s'en tenir à des classements, à des catalogues. Cette façon par trop simpliste de concevoir les choses, a sombré devant, etc., etc... », et l'auteur continue devant ce fait de la possibilité de créer différentes lésions à l'aide d'un unique parasite ou de voir plusieurs infiniment petits créer les mêmes troubles [1].

Pour revenir au point de vue clinique et pratique, je me résume en quelques mots : L'accoucheur, pour obtenir une asepsie parfaite, ne doit pas asepsier seulement soi-même et la malade, il doit aussi songer à l'asepsie du milieu où se fait l'accouchement ; il doit faire comme les chirurgiens qui se préoccupent de placer leurs opérés et leurs blessés dans un milieu aseptique. Une femme qui accouche est une grande blessée qui doit être traitée comme telle, et le milieu obstétrical ne doit pas être négligé si on veut obtenir une asepsie parfaite.

M. Gaudin, pharmacien de 1re classe, licencié ès-sciences, physiques, professeur suppléant de physique et de chimie à l'École de Médecine d'Angers.

MESSIEURS,

Le petit travail que j'ai l'honneur de vous présenter a pour but la recherche de la source des impuretés qui souillent l'oxygène dans la préparation par le chlorate de potasse et le bioxyde de manganèse, et des moyens de s'en débarrasser.

Le seul procédé pratique en pharmacie, pour préparer l'oxygène, est à coup sûr celui du chlorate avec le bioxyde. Le chlorate seul donne un gaz plus pur ; mais on est exposé à de grands dangers. Le procédé au bioxyde de

---

[1] Charrin, *les fonctions anti-toxiques*, sem. méd., p. 147, 1895.

baryum est long et coûteux ; quant aux procédés industriels, on ne peut y songer.

Le bioxyde de manganèse naturel renferme des nitrates, des carbonates et du chlorure de magnésium, qui se décomposent par la chaleur en donnant des composés oxygénés de l'azote, de l'acide carbonique et de l'acide chlorhydrique. Quand on chauffe ce bioxyde avec du chlorate, il doit donc dégager, outre les acides nitrique et carbonique, du chlore, reconnaissable à son odeur et au précipité de chlorure d'argent qu'il donne avec la solution du nitrate.

Il est donc utile de laver le bioxyde avant de le calciner, comme on le recommande.

Mais il est une cause de production des composés chlorés qu'on ne peut éviter. Cette cause est l'action du bioxyde purifié lui-même sur le chlorate en fusion.

Si, en effet, on chauffe seul du chlorate pur ou non, on obtient de l'oxygène peu odorant et sans action sur le nitrate d'argent. Mais si l'on projette dans ce chlorate fondu à 170°, c'est-à-dire à une température insignifiante pour le décomposer seul, une trace de bioxyde de manganèse purifié, le dégagement se produit et continue à cette température. L'oxygène formé dans ces conditions est chloré et sent l'ozone.

D'après M. Gorgeu, le bioxyde de manganèse est un véritable acide décomposant certains sels; il est donc vraisemblable que, dans l'expérience précédente, il se substitue à une faible portion d'acide chlorique amenant par sa décomposition au sein du liquide l'amorce gazeuse nécessaire au prompt dégagement que produit l'arrivée d'un gaz dans un liquide qui tend à bouillir par privation de gaz dissous.

La combinaison formée passe d'ailleurs rapidement au

maximum d'oxydation et du permanganate colore la masse en rose. Suivant M. Gungfleuh, ce dernier corps se décompose en produisant de l'oxygène, se reforme pour se décomposer à nouveau, et serait en somme l'agent qui permet la facile décomposition du chlorate.

Le permanganate de potasse, ajouté à du chlorate en fusion tranquille, ne produit que fort peu d'action, mais en chauffant davantage le gaz est fortement ozoné et non chloré.

En somme, les composés oxygénés du chlore semblent venir d'une action première du bioxyde sur le chlorate fondu, l'ozone provenant de la décomposition du permanganate formé presque simultanément.

Cette production de chlore est très faible, car le résidu de l'opération dissous dans l'eau est à peine alcalin, et le précipité de chlorure d'argent que j'ai obtenu dans la décomposition de 10 grammes de chlorate ne pesait que 1 centigramme.

Le lavage de l'oxygène s'impose cependant, et, comme le dégagement est souvent tumultueux, il peut arriver que ce lavage soit insuffisant.

Voici la description de l'appareil que j'emploie, appareil produisant un gaz sans action sur le nitrate d'argent.

Un tube en fer, de 0^m65 de long sur 0^m045 de diamètre, est brasé à une extrémité et porte à l'autre un gros tube de verre maintenu par une faible couche de plâtre.

On le charge au moyen d'une longue bande de carton du même diamètre, sur lequel on répartit uniformément le mélange de bioxyde purifié et de chlorate à parties égales et qu'on enfonce dans le tube placé horizontalement. On imprime au tube une rotation de 180° et on retire le carton.

On le chauffe au moyen d'un bec de Bunsen, qu'on

déplace lentement d'une extrémité à l'autre, de façon à obtenir un dégagement aussi lent que l'on veut.

Le tube à dégagement est relié par un tube de caoutchouc à un laveur formé d'un grand vase de deux litres, rempli de pierre ponce imbibée d'une solution de soude caustique. Le tube d'arrivée plonge au fond dans l'excédent du liquide, ce qui permet d'observer la rapidité du dégagement.

Le laveur, luté au plâtre, peut servir plusieurs fois. On peut d'ailleurs le changer de liquide sans l'ouvrir.

C'est dans l'espoir d'être utile à mes confrères que j'ai cru devoir porter à leur connaissance un appareil sûr, peu coûteux, d'une construction et d'un emploi très faciles.

M. Thézée est absolument de l'avis de M. Gaudin sur la qualité de l'oxygène obtenu à l'aide de l'appareil Limousin. Il lui préfère l'appareil Tonneau, qui est de manipulation facile et peut donner de l'oxygène au moment du besoin.

M. Gaudin fait ressortir le grand inconvénient qu'offre cet appareil qui, quand la réaction est un peu vive, produit une mousse abondante, difficilement combattue par une addition d'huile. Si, au contraire, la réaction est plus calme, la production est bien trop lente pour être pratique. L'appareil Tonneau lui paraît donc inutilisable.

M. Raimbault préfère à l'appareil Limousin un appareil similaire dans lequel les écrous sont remplacés par une gorge. Dans cette gorge on coule du plâtre. On rend ainsi illusoire le danger d'une explosion.

M. Gaudin reproche toujours au procédé Limousin de ne débarrasser l'oxygène produit de la présence du chlore qu'à l'aide de nombreux flacons laveurs toujours encombrants.

M. Thézée. — Dans l'appareil de M. Gaudin, le liquide produit lors de la fusion du chlorate de potasse ne peut-il obstruer le tube de dégagement et occasionner une explosion ?

M. Gaudin. — Ce danger n'est pas à craindre ; on sait en effet que le liquide est absorbé aussitôt par le bioxyde de manganèse. Son appareil présente d'ailleurs une grande surface. En promenant un bec Bunsen sur toute la longueur du tube, on peut régler le dégagement.

Il attire surtout l'attention sur son flacon laveur qui, par l'emploi de pierre ponce imprégnée d'une solution de soude caustique, débarrasse sûrement l'oxygène du chlore qui, ordinairement, est entraîné en même temps.

———

M. Grosseron (de Nantes), pharmacien, membre de la Société des Sciences naturelles de l'Ouest :

I

Du fluorure de sodium comme antiseptique externe et interne

Nous aurons à considérer :

1° Du fluorure de sodium en thérapeutique externe ;

2° Du fluorure de sodium pur ;

3° Emploi du fluorure de sodium pur en thérapeutique interne ;

4° Applications des propriétés antiseptiques du fluorure de sodium dans l'industrie.

1° *Du fluorure de sodium en thérapeutique externe*

Le 14 novembre 1892, M. Chauveau, membre de l'Institut, présentait à l'Académie des Sciences une note de MM. Arthus et Adolphe Huber, chefs de laboratoire de physiologie à la Sorbonne, sur les propriétés *physiologiques du fluorure de sodium*.

Cette note avait comme titre :

Chimie physiologique ; fermentations vitales, fermentations chimiques.

Ce remarquable travail définissait d'une façon complète le rôle du fluorure de sodium dans les milieux fermentescibles et concluait :

« 1° Que le fluorure de sodium, à la dose de 1 o/o
« arrête toutes les fermentations vitales en détruisant
« tous les ferments figurés ;

« 2° Qu'il est sans effet sur les *fermentations chi-*
« *miques*, laissant ainsi toute leur activité aux ferments
« solubles, *invertine, trypsine, insulsine.* » (Voir le
Bulletin de l'Académie des Sciences, tome CXV, n° 20,
page 839.)

M. le D\u02b3 Blaizot, médecin à Doulon, près Nantes, après avoir lu le travail de ces deux savants, pensa à juste titre que les propriétés antiseptiques du fluorure de sodium devaient avoir leurs applications en thérapeutique et me communiqua son idée à ce sujet.

Au mois de décembre 1892, M. le D\u02b3 Blaizot écrivit à M. Armand Gautier, le distingué professeur de la Faculté de Médecine de Paris, pour se renseigner sur ce qui aurait pu être fait, au point de vue thérapeutique, avec le *fluorure de sodium.*

M. Armand Gautier nous renvoya aux classiques : après bien des recherches, nous trouvâmes un travail assez complet de M. le Dr Effront sur l'emploi industriel des fluorures dans les fermentations des moûts, bière, vin, etc.

Nous trouvâmes également un long et intéressant rapport présenté par M. Hérard à l'Académie de Médecine en novembre 1887 sur un mémoire de MM. les Drs Seiller et Garçin, relatif à l'action de l'acide fluorhydrique dans le traitement de la phtisie pulmonaire ; les résultats obtenus par ces Messieurs sont assez intéressants pour les rappeler ici : sur 100 phtisiques traités, ils avaient obtenu 35 guérisons, 41 améliorations, 14 états stationnaires et 10 avaient succombé. (*Bulletin de l'Académie de Médecine*, 2e série, tomes XVII et XVIII, page 626, novembre 1887.)

Il ne nous fut pas possible de trouver une seule étude sur le fluorure de sodium au point de vue thérapeutique.

M. le Dr Blaizot et moi nous nous sommes mis immédiatement au travail pour déterminer, suivant la méthode de Bouchard, la toxicité du fluorure de sodium en injections intraveineuses chez les animaux.

Nous avons ensuite continué nos expériences en recherchant son action bactéricide sur les bactéries pathogènes, dans les bouillons de cultures ; nos résultats vinrent confirmer ceux de MM. Arthus et Huber.

M. le Dr Blaizot fit alors des applications thérapeutiques suivies, en se servant du fluorure de sodium comme antiseptique externe : 100 malades environ furent traités régulièrement pour diverses affections, et toujours avec les plus heureux résultats.

M. le Dr Blaizot consigna les résultats de nos expériences et les siennes dans un rapport qui fut lu à la Société de Biologie de Paris, le 18 mars 1893, par M. le Dr Charrin, professeur au Collège de France.

Voici les conclusions de ce rapport :

« 1° Le fluorure de sodium a pour équivalent théra-
« peutique, chez le lapin, 8 centigrammes, et pour
« équivalent toxique, 1 décigramme. Il est donc 16 fois
« moins toxique environ que le sublimé et le sulfate de
« cuivre, et 2 fois moins toxique que l'acide phénique. »
(*Tarnier et Vignal*, thèse de Duloroy, Paris, 1893.)

« 2° La solution à 1 o/o et même à 1/2 o/o empêche
« le développement des bactéries pyogènes (staphylo-
« coque et streptocoque) et de quelques autres ;

« 3° Les solutions à 1 et à 1/2 o/o peuvent être
« employées avec avantage :

« *a)* Pour les soins hygiéniques de la peau et des
« muqueuses ;

« *b)* Pour la désinfection de l'opérateur, de l'opéré et
« des instruments (les solutions de fluorure altèrent le
« fer et l'acier, mais elles n'altèrent pas le nickel, au
« moins pendant un certain temps) ;

« *c)* Pour le pansement des plaies de toute nature ;

« *d)* Pour le traitement de certaines dermatoses,
« érythèmes, impétigo, prurigo. » *Société de Biologie,*
tome V, n° 11, page 316, Paris, 18 mars 1193.)

Les conclusions de ce rapport ont été reproduites depuis
par la presse médicale française[1] et étrangère[2]; tantôt
elle citait le nom du Dr Charrin, tantôt celui du Dr Blaizot,
quelquefois les noms de ces deux Messieurs en même
temps.

Un grand nombre de docteurs-médecins, à qui nous
avons fait connaître les propriétés antiseptiques du fluorure de sodium, en ont fait usage dans leur clientèle et

[1] *Semaine médicale*, avril 1893 et mai 1895 ; *Union pharmaceutique*, mars 1894, mai 1895 ; *Guide commercial*, avril 1894, etc.

[2] *Berichte-Van-Merck*, mars 1894 ; *Bulletin scientifique de Belgique*, décembre 1894, etc.

dans les hôpitaux avec le plus complet succès et nous pourrions citer des noms connus tant à Paris [1] qu'en province [2].

Le fluorure de sodium ne coagule pas les albumines, il a même la propriété de les dissoudre dans une certaine proportion suivant la température.

« C'est grâce à cette propriété que le fluorure de sodium
« arrive à liquéfier la secrétion de certaines cystites glai-
« reuses, à secrétion tellement épaisse et concrète qu'elle
« ne peut passer à travers la sonde.

« C'est ce qu'a fait connaître M. le Dr Tuffier, profes-
« seur agrégé de la Faculté de Médecine de Paris qui, à
« l'aide d'une solution variant de 0,25 cent. à 1 o/o,
« fait des lavages vésicaux tous les deux jours, jusqu'à ce
« que l'écoulement se fasse facilement par la sonde. »
(Semaine médicale, 1894 ; *Concours médical,* 27 avril 1895, note du Dr Lemaire du Tréport.)

2° *Du fluorure de sodium chimiquement pur*

Pendant le cours de nos expériences physiologiques, je m'étais aperçu que les fluorures de diverses provenances donnaient des résultats tous différents.

---

[1] Le D^r Le Dentu, professeur à la Faculté de Médecine, chirurgien des hôpitaux ; Dr Martellière, secrétaire de la Commission d'hygiène de Paris ; Dr Tissier, chirurgien des hôpitaux ; Dr Luc, professeur de Laryngologie ; Dr Tuffier, professeur agrégé de la Faculté de Paris, chirurgien des hôpitaux ; Dr Menière, auriste, médecin de la grande Chancellerie de la Légion d'Honneur, de la Cie P. L. M. et de la Cie de l'Ouest, etc.

[2] Drs Heurtaux, Joüon, Boiffin, Attimont, Guillemet, Vignard, Dianoux, Lerat, Polo, Bonamy, etc., professeurs et chirurgiens des hôpitaux de Nantes ; Dr Reignault, professeur à l'École de Médecine de Rennes, etc.

Je constatai leurs impuretés et j'en fis part à mon savant maître, M. Andouard, professeur à l'École de plein exercice de Médecine et de Pharmacie de Nantes qui, toujours, s'est empressé, avec son aménité bien connue, de m'éclairer de ses sages conseils.

J'appris avec plaisir qu'il avait suivi nos travaux avec intérêt, que lui-même avait eu occasion de constater que les fluorures du commerce contenaient quelquefois 5o à 55 o/o de matières étrangères, chaux, alun, silice, charbon, etc.

M. Andouard m'engagea à fabriquer moi-même le *fluorure de sodium,* afin d'être assuré de sa pureté chimique et de sa valeur physiologique.

Bien qu'un peu effrayé d'entreprendre cette préparation délicate et dangereuse, je me suis mis à l'œuvre en m'inspirant de ses bienveillantes indications et de celles que je trouvai dans les classiques : Gay-Lussac et Thénard [1], Berzélius [2], Jean, Weldon [3], etc.

Après une nombreuse série d'expériences, j'obtins un produit chimique absolument pur, comme l'ont constaté depuis les analyses de M. Andouard (Nantes, le 4 avril 1895) et celle du savant professeur de chimie de l'École centrale, M. Jean Meunier, docteur ès sciences (Paris, le 28 mai 1895).

Les expériences, au point de vue bactéricide, furent faites à diverses époques par M. Andouard (Nantes, le 4 avril 1894) ; par M. le Dr Rappin, le savant professeur de bactériologie de l'École de plein exercice de Médecine et de Pharmacie de Nantes, le 16 juin 1894, et par

[1] Gay-Lussac et Thénard, *Recherches physico-chimiques,* t. II, p. 1.

[2] Berzélius, *Annales de chimie et de physique,* 2e série.

[3] Berzélius, Jean, Weldon, *Encyclopédie chimique* de Frémy, t. III, Métaux, 1, p. 53.

M. le Dr Genoux, chef des travaux de bactériologie de la Faculté de Lyon, le 4 août 1894.

Tous ces Messieurs obtinrent des résultats identiques. Dans une solution fluorée à 1/2 o/o, la plupart des bactéries étaient détruites, et à 1 o/o les plus résistantes ne donnaient aucune culture.

Devant de semblables résultats, afin d'offrir une garantie au monde médical et pharmaceutique, j'ai baptisé le fluorure de sodium, préparé dans mon laboratoire, du nom de *fluorol,* qui indique assez son origine et son caractère antiseptique.

3° *Du fluorure de sodium chimiquement pur comme antiseptique interne*

M. le Dr Blaizot, poursuivant ses expériences au point de vue de l'antisepsie interne, a pratiqué des injections sous-cutanées sur un sujet tuberculeux avec une solution à 1 o/o à la dose d'un milligramme pour chaque injection.

Arrêté au cours de son expérience par le départ du sujet, qui était employé de chemin de fer, il n'a pas pu formuler de conclusions : Toutefois, le malade paraissait assez bien influencé par le traitement.

Il est à remarquer que ces injections, qui sont multipliées jusqu'à cinq par séance, n'ont produit aucune inflammation locale, ni au moment, ni après les piqûres.

La *Semaine médicale* du 29 mai 1895 publie une note du Dr Crocq, de l'Académie de Médecine de Belgique (séance du 25 mai 1895), citant un travail de M. le Dr Bourgeois de Tourcoing, qui affirmait avoir guéri 7 cas de méningite tuberculeux chez des enfants, en leur faisant absorber de 1 à 5 milligrammes de fluorure de sodium par jour.

M. le D' Crocq fait observer qu'il a essayé le fluorure de sodium à des doses supérieures, dans les mêmes cas, ainsi que chez les tuberculeux, sans obtenir de succès?

Ne serait-il pas possible de croire que les insuccès pourraient être dûs à l'impureté du fluorure employé.

M. le D' Dastre, professeur de physiologie du collège de France, a expérimenté l'action des chlorures et des fluorures sur les albuminoïdes ; après une suite d'expériences, qui ont été relatées dans le *Bulletin de la Société de Biologie,* 5 mai 1894 et suivants, et reproduites par la *Semaine médicale,* il arrive à conclure que 2 o/o de fluorure de sodium digèrent à l'étuve la fibrine absolument comme le suc gastrique ; mais cette action n'est exercée que sur les albuminoïdes qui n'ont pas subi l'action de la chaleur et qui ne sont pas en contact avec l'alcool.

Les expériences physiologiques n'ont pas été jusqu'à s'exercer sur les estomacs des animaux.

M. Maurice Arthus nous dit aussi que la caséine et la fibrine se dissolvent dans les solutions de fluorure de sodium, suivant la température : à 15° lentement, assez rapidement à 40°, en quelques minutes à 100°. *(Bulletin de la Société de Biologie,* le 18 mars 1893.)

Un de mes confrères d'Angers associe la pepsine au fluorure de sodium pour arrêter les fermentations anormales de l'estomac et favoriser l'action de la pepsine ; il serait intéressant de connaître les proportions de ce mélange et les résultats obtenus.

Du fluorure de sodium en médecine légale et pour la conservation des pièces anatomiques

La solution de fluorure de sodium à 1 o/o, arrêtant toutes fermentations microbiennes, peut servir à conserver les cadavres et les pièces anatomiques dans les Écoles de Médecine. Nous pourrions montrer des poissons conservés à la température ordinaire, sans altération aucune, depuis des mois, ainsi que d'autres matières animales putrescibles.

Du fluorure de sodium dans l'industrie

Appliquant les données précédentes à l'industrie, nous avons pu conserver des colles de pâtes et de gélatine, du beurre, des peaux d'animaux, etc.

Comme conclusion on peut affirmer :

Que le fluorure de sodium est un antiseptique précieux, non dangereux pour l'homme et les animaux, éminemment bactéricide, à la *condition d'être très pur,* dont l'étude expérimentale en thérapeutique externe et interne doit être complétée, et dont l'usage doit être vulgarisé dans l'intérêt général.

Cet antiseptique a tous les avantages du sublimé, le plus puissant des antiseptiques connus, sans en avoir les inconvénients.

II

Application du pouvoir antiseptique des essences végétales à la désinfection, des malades pendant leur maladie.

Le pouvoir antiseptique des essences végétales a été utilisé empiriquement dès la plus haute antiquité. C'est, en effet, grâce à ce pouvoir antiseptique, que les Égyptiens purent embaumer leurs momies.

Dans la médecine ancienne et dans celle du moyen âge, l'emploi si répandu des aromates ne donnait de bons résultats que grâce à l'action antiseptique des essences ainsi employées.

Dès les premières recherches scientifiques sur les antiseptiques, le pouvoir bactéricide des essences fut contrôlé; mais il faut arriver au travail de Chamberland *(Annales de l'Institut Pasteur*, t. I, 1887, page 153) pour voir des expériences directement faites sur des cultures microbiennes, en l'espèce sur celles du charbon, à l'aide des vapeurs dégagées par les essences à la température ordinaire.

Les conclusions de ce beau travail classent dans cet ordre les essences dont les vapeurs ont le plus grand pouvoir bactéricide :

Cannelle de Ceylan,	Géranium de France,
Cannelle de Chine,	Géranium d'Algérie,
Girofle,	Vespétro (mélange d'essences),
Origan,	Verveine de l'Indre.

Ces essences et quelques autres, d'un emploi fréquent, ont été étudiées à nouveau au même point de vue bactéricide, mais alors sur les microbes les plus répandus : staphylocoque doré, streptocoque, colibacille, tétragène, bacille virgule, par MM. le Dr Blaizot et Caldaguès, ingénieur des Arts et Manufacture, dans une longue série d'expériences faites suivant des techniques variées. Les conclusions de cet important travail, présenté à la Société de Biologie, le 9 décembre 1893, par M. le Dr Charrin, sont que les vapeurs des essences déjà citées, plus celles de Lavande et Tubéreuse, sont capables de tuer plusieurs espèces de microbes en moins d'une heure et d'arrêter leur développement en quelques minutes.

Enfin, plus récemment encore, le Dr Mique, chef du service bactériologique de l'Observatoire de Montsouris, a publié, dans les *Annales de micrographie,* août 1894, une série d'études sur le pouvoir antiseptique des vapeurs de certaines essences, appliqué à la stérilisation de l'air.

De tous ces travaux nous avons pensé qu'il y avait une application à tirer. Chamberland, en particulier, ayant insisté sur ce que le mélange de plusieurs essences possédait un pouvoir bactéricide plus grand que ces essences prises isolément, nous avons combiné toutes les essences reconnues comme les plus actives par les expérimentateurs cités plus haut, espérant ainsi obtenir un produit volatil dont les vapeurs posséderaient un grand pouvoir microbicide. Nous avons donné à notre travail le nom d'Osmol (de *osun*, parfum, et *ol*, terminaison des antiseptiques. L'Osmol n'a pas trompé notre attente. Les examens que nous en avons fait faire par M. Andouard[1] et par M. le docteur Rappin[2] ont prouvé sa grande puissance microbicide. Ce mélange raisonné de diverses essences antiseptiques émet des vapeurs qui, se répandant dans l'atmosphère d'une chambre de malades, par exemple, sont capables d'y détruire les germes microbiens virulents qui y sont en suspension.

L'usage de ce parfum étant très agréable et sans aucun inconvénient pour la santé, nous croyons avoir fourni un moyen pratique, sûr et agréable, de désinfecter l'air des chambres de malades pendant la maladie.

Nous n'insisterons pas sur l'application qui a été faite de ce produit à la préparation d'une parfumerie spéciale qui possède l'indubitable avantage d'être antiseptique, sans devoir cette propriété à aucun des antiseptiques toxiques ordinairement employés.

Nous voulons seulement, en terminant, attirer votre attention sur une application particulière de ce bactéri-

[1] 4 avril 1894.
[2] 2 août 1894.

cide. Ce sera un étonnement des générations futures que,
si longtemps après avoir su que les maladies les plus
redoutables des cheveux et de la barbe étaient conta-
gieuses, le public ait supporté que les instruments des
coiffeurs (peignes, ciseaux, tondeuses, brosses, etc.,) ser-
vissent successivement aux clients sans avoir été désinfec-
tés. (Un seul poil de brosse a donné, après trois jours de
séjour à l'étuve, sur une plaque de gélatine, 120 colonies
de microbes variés, représentant des millions de bactéries.) Cette tolérance du public commence cependant à
cesser, et le nombre des salons de coiffure où une désinfection plus ou moins sérieuse est pratiquée augmente
chaque jour, spécialement à Paris. Mais la grande majorité des coiffeurs hésitent à faire la dépense des appareils
coûteux de stérilisation à la vapeur, lesquels ont, de plus,
le grand inconvénient de détériorer rapidement les instruments. Les essences fournissent un moyen pratique et
efficace de stériliser ces sortes d'objets sans aucune dété-
rioration. Il suffit, en effet, d'exposer les instruments
sus-nommés dans des caisses spéciales au fond desquelles
se trouve toujours une certaine quantité du mélange
d'essences. L'expérience, renouvelée bien des fois, a
démontré que les poils de brosses, par exemple, soumis
à l'action de ces stérilisateurs si simples, ne donnaient
plus de colonies microbiennes à la culture.

A la suite de sa communication, M. Grosseron présente
quelques expériences ; ce sont :

1° Deux tubes contenant de la colle de froment ; l'un
traité par le fluorol est en parfaite conservation, l'autre
est putréfié ;

2° Même expérience avec une solution de gélatine ;
même résultat ;

3° Deux morceaux de carie dentaire ; l'un a séjourné dans une solution à 1 o/o de fluorate de soude, l'autre a été abandonné depuis le 22 mai, date de l'expérience : le premier était en parfaite conservation ;

4° Traité par l'osmol, un poil de brosse de coiffeur n'a donné aucun microbe depuis la même date, quand un autre contient de nombreuses colonies ;

5° Un morceau de viande contenant 1 o/o de fluorol et un morceau de peau traité de même sont bien conservés ;

6° De même des poissons rouges, baignant dans une solution du même corps, à la dose de 1 o/o ;

7° Du beurre.

Pour ce dernier produit, *M. le Dr Dezanneau* demande si ce procédé est pratique pour l'usage ordinaire.

M. Grosseron fait toutes réserves au sujet de l'application alimentaire, ne s'étant placé qu'au point de vue de la conservation chimique.

M. Décuillé (d'Angers) :

Essai d'une statistique de là morbidité des Employés de commerce de la ville d'Angers. (Résumé.)

La statistique des maladies payées par une Société de Secours mutuels, composée de membres ayant à peu près tous la même profession, serait d'une utilité incontestable s'il était permis de l'établir sur des bases certaines.

M. le Dr Bertillon, qui s'est occupé de cette question dans son « rapport sur la statistique des maladies dans les Sociétés de Secours mutuels », a bien voulu nous aider de ses conseils et a été assez bon pour nous tracer la route à suivre :

Les documents à l'aide desquels nous avons établi nos calculs sont les archives de la Société des Employés de la ville d'Angers, très exactement tenues depuis trente et une années, période très longue qui peut compenser le nombre relativement faible des sociétaires (130 à 135).

La première recherche que nous ayons faite et qui est comparable aux tables de morbidité déjà établies en France, en Angleterre et en Italie, répond à la question suivante :

Pour un sociétaire de chaque âge, pris pendant une période décennale, combien de jours annuels de maladie?

Nous avons obtenu le résultat ci-dessous :

PÉRIODES D'AGES	MALADIES de moins de 3 mois	MALADIES de toute durée
17 à 24 ans	2 jours 5	5 jours 21
25 à 34 —	2 — 7	3 — 57
35 à 45 —	2 — 7	4 — 17
45 à 54 —	3 — 1	4 — 73
55 à 64 —	4 — 6	14 — 20

Ces chiffres sont très faibles si on les compare à ceux :

1º De la table d'Hubbard calculée en 1852 d'après divers documents rassemblés par l'auteur et datant de 1834-49;

2º De la table calculée par M. Bertillon d'après les chiffres de la Société de Secours mutuels des ouvriers en soie de Lyon (20 ans d'observation);

3º Des tables italiennes des « Employés propriétaires ».

Ils sont surtout beaucoup plus faibles que ceux donnés par les Sociétés anglaises qui, généralement riches, peuvent se montrer plus généreuses que les Sociétés françaises.

Il existe, selon nous, deux raisons principales qui paraissent expliquer la faiblesse des chiffres fournis par notre association :

1° Les Sociétés qui ont fourni des documents pour dresser ces statistiques étant composées d'une plus grande quantité de membres que la nôtre, existent forcément dans des grands centres où l'hygiène est moins bonne que dans une ville de moindre importance comme Angers ;

2° Les Employés étant payés chaque mois n'ont pas leurs appointements supprimés par une courte maladie et, par suite, ne sont pas toujours payés par leur Société. Il n'en est pas de même des ouvriers qui, dès qu'ils ne travaillent plus, ont recours aux avantages offerts par la leur.

Ce que nous avons remarqué, c'est l'élévation de la courbe de morbidité dans la première période décennale d'âge.

Cette particularité persisterait-elle avec des chiffres plus forts que ceux dont nous nous sommes servi ? M. le Dr Bertillon ne le pense pas et considère cette élévation comme un fait anormal. Cependant nous ferons remarquer que M. le Dr Proust, dans l'article « Morbidité » de son traité d'hygiène, donne les chiffres suivants :

15 à 20 ans	morbidité	7
20 à 25 —	—	10.6
25 à 30 —	—	8

Cette table, qui donne pour la période de 20 à 25 ans une augmentation importante de la morbidité, paraît justifier nos résultats.

A l'aide des chiffres que nous lui avons fourni, M. Bertillon a pu obtenir la durée des maladies par âge.

Pour cent sociétaires de chaque âge (période décennale),

combien de cas de maladies ayant chacune des durées indiquées ?

PÉRIODES DÉCENNALES	1 à 5 jours	6 à 15 j.	16 j. à 1 m.	1 à 3 mois	3 m. et pl.	TOTAL
17 à 24 ans...........	1.27	6.38	2.45	2.55	1.70	14.46
25 à 34 —	1 86	8 85	2.83	2.48	0.62	16.65
35 à 44 —	1.98	8.26	3.52	2.32	1.11	17.21
45 à 54 —	1 51	8.38	2.34	3.02	1.17	16.44
55 à 64 —	2.63	3.94	2.63	6 57	7.89	23.68
Tout âge............	1.81	8.25	2.97	2.62	1.15	16.82

On voit, à première vue, que les maladies longues sont d'autant plus fréquentes qu'il s'agit de personnes âgées.

Il faut remarquer aussi que les chiffres ont montré que le personnel de la Société est beaucoup moins jeune dans la période 1880-1894 que dans la période précédente 1864-1880. C'est ce qui arrive à beaucoup de Sociétés et c'est ainsi qu'elles se ruinent sans s'en apercevoir.

Nous nous sommes demandé si l'on pouvait espérer voir des statistiques appuyées sur des chiffres beaucoup plus forts que ceux fournis par notre Société.

Le « Rapport sur les opérations des Sociétés de Secours mutuels en 1891 (Paris 1893) », nous a montré qu'il existait environ 10.000 Sociétés de Secours mutuels, approuvées et autorisées, ayant un effectif, pour les hommes seulement, de plus de 1.000.000 de membres participants. L'effectif moyen est de 102 membres pour les Sociétés approuvées composées d'hommes seulement, et de 157 pour celles composées d'hommes et de femmes. Celui des Sociétés autorisées est de 93 pour le premier cas et de 137 pour le second.

Ces 10.000 Sociétés comprennent environ 4.250 Sociétés ayant moins de 100 membres.

Si, maintenant, nous recherchons dans ces 10.000 Sociétés celles dont le nom indique qu'elles sont composées de membres ayant à peu près tous la même profession, nous trouvons :

55o-6oo Sociétés ayant moins de 100 membres			
16o-18o	—	—	100 à 200 —
6o	—	—	200 à 3oo —
3o	—	—	3oo à 4oo —
25	—	—	4oo à 5oo —
8o	—	—	5oo à 6oo et au-desus.

Il serait à désirer qu'un travail semblable au nôtre fût fait dans ces différentes Sociétés. On pourrait arriver ainsi à connaître la morbidité des différentes professions, et établir alors sur des bases solides les cotisations annuelles qui devraient être exigées des membres, pour assurer aux Sociétés la durée et la prospérité.

M. Labesse, ancien interne en pharmacie des hôpitaux de Paris, professeur suppléant de pharmacie à l'École de Médecine d'Angers, membre correspondant de la Société Chimique de Paris :

Note sur la recherche et le dosage de l'albumine par la méthode d'Esbach

On peut dire qu'il n'est pas actuellement de praticien qui n'ait recours à la méthode d'Esbach pour la recherche et le dosage de l'albumine dans les urines.

Cette méthode consiste à provoquer un précipité albumineux par l'addition dans l'urine d'une solution citro-picrique, dite réactif d'Esbach. Le précipité obtenu peut même servir à effectuer le dosage de l'albumine, si l'on a eu soin de se servir d'un tube gradué spécialement. Il suffit de verser dans ce tube, dit albuminimètre, des proportions déterminées par des traits indicateurs d'urine et de réactif, d'agiter plusieurs fois le mélange des liquides et de laisser le tout reposer vingt-quatre heures. Au bout de ce temps, une simple lecture de la graduation qui se trouve à la hauteur occupée par le précipité donne en grammes la quantité d'albumine par titre d'urine.

Ce procédé, qui est extrêmement simple, rend de grands services au point de vue pratique, mais s'il n'est pas complètement exempt de reproches, comme tout le monde le reconnaît, peut-on du moins compter sur son exactitude relative pour surveiller efficacement la direction d'un traitement ? Peut-on, pour la recherche seulement qualitative de l'albumine, considérer ses données comme irréprochables ?

Nous avons à ce sujet entrepris une série d'essais qui nous ont été inspirés par les travaux récents de M. le Professeur Huguet, de Clermont-Ferrand, et de M. Mercier, pour qui le réactif d'Esbach est complètement illusoire.

Nous donnons ici un tableau où sont consignés non seulement les résultats des urines particulièrement intéressantes à ce sujet apportées à notre laboratoire, mais encore des résultats obtenus en faisant varier dans quelques-unes de ces urines soit la densité, soit la richesse en albumine, ou en faisant intervenir des principes capables de donner des précipités par le réactif d'Esbach ou encore d'en modifier l'action, bien entendu en introduisant uniquement des principes pouvant se trouver fréquemment dans les urines pathologiques.

En effet, au point de vue spécial de la recherche quali-

ALBUMINE

	DENSITÉ	PESÉE	ESBACH	
1	1013	0.20	au-dessous de 0.50	
2	1014	0.20	au-dessous de 0.50	Cette urine contient de la peptone.
3	1019	2.50	2	Cette urine a été additionnée d'antipyrine et de glucose. Le résultat n'a pas varié.
4	1007	0.40	0.50	
5	1023	1.50	0.75	
6	1014	1.12	0.75	
7	1006	7	4.50	Le liquide surnageant est trouble. L'urine contient des peptones.
8	1022	1 00	?	Le précipité ne se dépose pas. L'urine contient de la peptone.
9	1015	0.80	0.50	
10	1019	0.70	0.50	
11	1021	4 50	3	Après addition d'antipyrine, le tube d'Esbach n'accuse pas d'augmentation sensible.
12	1014	1.27	?	Cette urine accusait à l'Esbach 1 gr. d'albumine. Additionnée de peptone, le réactif précipite mais le dépôt du précipité ne s'effectue pas.
13	1013	1.53	1	Le dépôt se fait mal.
14	1014	1.27	environ 1	La liqueur au-dessus du dépôt est trouble. Peptone
15	1037	5.00	9	Peptone. Glucose.
16	1012	0.25	0.75	
17	1010	0.15	0.50	
18	1025	1.80	1.25	Glucose.
19	1018	1.55	1.25	
20	1014	0.21	?	Le dépôt du précipité ne se fait pas. Peptone.
21	1014	1.69	1.50	
22	1020	0.72	?	L'urine contient des peptones. Très léger trouble.
23	1019	0.55	0.20	
24	1011	0.27	environ ?	Le mélange du réactif et de l'urine reste légèrement trouble sans se déposer.
25	1015	0.50	0.25 environ	Une partie du précipité reste attachée aux parois du tube ou flotte dans le mélange.

tative de l'albumine, nous nous sommes assurés que le réactif d'Esbach précipite bien d'autres substances que la sérine, et en dehors des peptones, qui sont une source fréquente d'erreurs, certains ·corps comme l'antipyrine, par exemple, corps qui peuvent se rencontrer fréquemment dans des urines pathologiques, donnent aussi un précipité non négligeable avec l'acide picrique.

Aussi le réactif d'Esbach doit-il être employé avec la plus grande circonspection et est-il toujours utile pour lever tous les doutes de recourir aux procédés classiques : chaleur, réactif acéto-phénique, etc.

Quant au dosage de l'albumine à l'aide de l'albuminimètre, les résultats que nous consignons ici, empruntés aux exemples les plus frappants de la suite d'expériences que nous avons faites, sont assez probants, croyons-nous, pour affirmer que la méthode de dosage volumétrique du précipité obtenu avec le réactif citro-picrique, est loin d'être infaillible et que l'on peut même arriver à une très fausse idée de l'état d'un malade si l'on s'en rapporte à cette seule méthode d'appréciation.

M. Huguet et M. Mercier ont déjà appelé l'attention sur ce point ; nous croyons avoir apporté un nouvel élément d'appréciation de la valeur du réactif d'Esbach en ce sens que nous avons fait porter certains de nos essais sur des urines dont la composition générale nous était connue et dans lesquelles nous avons introduit des quantités rigoureusement pesées, soit d'albumine, soit de peptones, soit de divers éléments, de façon cependant à conserver à ces urines tous les caractères d'une urine, si nous pouvons nous exprimer ainsi, normalement pathologique.

Nous avons éliminé du tableau tous les essais que nous avons tentés et qui n'ont pu influencer en rien les réactions : additions de phosphate de potasse, de chlorure de sodium, d'urée, etc...

En effet, en examinant successivement les résultats obtenus après variation des différents facteurs énumérés plus haut, nous avons trouvé que, sauf la densité (augmentée par intermédiaire de glucose) et les peptones, il est impossible d'attribuer à un des éléments quelconques que nous avons dosés, les variations de dosage que nous constations à l'albuminimètre.

Un fait à noter, comme il est facile de le constater également sur le tableau donné par M. Mercier, est que généralement toutes les fois que la peptone n'intervient pas, la quantité d'albumine dosée à l'albuminimètre est inférieure à la quantité vraie d'albumine, alors qu'à priori on serait porté à supposer le contraire, étant donné la facilité avec laquelle le réactif entre en action.

Lorsque le dosage par l'albuminimètre est inférieur au dosage par pesée, on peut donc presque en conclure que l'urine ne contient comme élément anormal que l'albumine.

Au contraire, dans le cas où le tube d'Esbach indique une proportion d'albumine plus élevée que par pesée, ou lorsque le précipité ne se dépose pas, c'est que généralement l'urine contient non seulement de l'albumine, mais des peptones.

L'antipyrine n'a pas d'action très marquée sur la hauteur du précipité.

Si sur le tableau on examine les urines nos 7, 8, 12, 13, on voit que le n° 7 indique un précipité inférieur à la quantité vraie d'albumine, mais que le liquide est resté absolument trouble au-dessus de ce précipité. La donnée du tube d'Esbach est donc là fortement erronée. Pour le n° 12 qui, avant l'addition du peptone, marquait 1 gramme à l'albuminimètre, on voit que la peptone a empêché complètement la précipitation. Le n° 15 contient, comme le n° 7, de la peptone pathologique et n'a pas donné de dépôt.

Ainsi donc, dans ces trois dernières analyses, le réactif n'a donné qu'un trouble semblant n'indiquer que des traces d'albumine, alors que cette dernière existait en proportions très appréciables.

Du reste, une solution de 3 grammes de peptone par litre d'eau distillée ne nous a pas donné le moindre dépôt de précipité avec le réactif d'Esbach au bout de quarante-huit heures ; le liquide est resté trouble sans se déposer.

Nous devons ajouter que, dans nombre d'essais, les analyses ont été sensiblement concordantes ; mais, malgré cela, les analyses portées au tableau sont assez concluantes pour montrer les erreurs que l'on est susceptible de commettre et pour se tenir en garde contre un procédé si peu rigoureux.

En résumé, nous ne croyons pas qu'on puisse attribuer les variations de dosage par l'albuminimètre à la quantité plus ou moins grande ou à la qualité des éléments normaux de l'urine, mais les causes principales des différences constatées sont pour nous de deux ordres : physiques, chimiques. Les premières tiennent à la construction plus ou moins défectueuse des appareils, qu'il est impossible d'éviter ; les secondes doivent être rapportées surtout aux peptones.

En tous cas, si le praticien peut trouver souvent d'utiles renseignements dans le tube d'Esbach, il devra toujours s'assurer par des dosages réguliers par pesée aussi fréquents qu'il le jugera nécessaires d'après le processus morbide que les dosages albuminimétriques se rapprochent de la vérité, et nous insistons sur ce dernier point, surtout ne jamais oublier qu'au cours même d'un traitement, l'albuminimètre peut accuser, dans le cas de peptones, des traces d'albumine et faire par conséquent prévoir une amélioration de l'état du malade, alors qu'au contraire la quantité d'albumine a pu croître en des proportions relativement considérables.

M. Thézée partage l'avis de M. Labesse sur le réactif d'Esbach et cite un cas où, ce réactif ne décélant rien, il avait obtenu un abondant précipité avec le réactif de Méhu et avec l'acide azotique. Il reproche aussi au procédé des pesées la perte d'albumine entraînée par le lavage et les écarts dûs à la dessiccation variable.

M. Gaudin dit que, pour la plupart des cas, l'appareil d'Esbach est un bon guide pour le médecin qui peut toujours faire faire le contrôle par une analyse plus exacte. Il est partisan de la méthode des pesées qui, dirigée avec soin, donne d'excellents résultats. Il appuie sur ce point qu'il faut tarer son filtre avec un second auquel on fait subir les mêmes manipulations de lavage et dessiccations que celui qui contient l'albumine.

M. Labesse clôt la discussion en disant qu'on peut encore utilement avoir recours au réactif signalé par Raab, en 1881, l'acide trichloracétique.

M. le Dr Motais, ancien chef des travaux anatomiques à l'École de Médecine d'Angers, chargé d'un cours libre de clinique ophtalmologique à la dite École.

Statistique des maladies des yeux en Anjou

Dans le cours de ces dernières années, plusieurs ophtalmologistes, parmi lesquels je citerai le Dr Chibret, se sont occupés de la distribution des maladies des yeux. Une enquête générale sur ce sujet a même été proposée au dernier Congrès de la Société française d'ophtalmologie.

Les recherches de ce genre présentent, en effet, un intérêt aussi bien au point de vue pratique que scientifique. Si nous arrivons à reconnaître que telle maladie, le trachôme, par exemple, disparaît au-delà d'une certaine altitude, nous aiderons singulièrement au traitement des cas graves et rebelles, trop fréquents malheureusement, en prescrivant un séjour dans les montagnes.

Pour me conformer au règlement, je suis obligé d'abréger toute considération générale et je vous mettrai, de suite, sous les yeux, les données qui me paraissent intéressantes dans ma statistique des maladies des yeux en Anjou.

Cette statistique a été prise tout entière à ma clinique de la rue du Mail. Depuis le mois de juillet 1890 au 1er janvier 1895, j'y ai soigné 7.600 maladies des yeux.

Parmi ces 7.600 cas, je laisse de côté ceux qui ne peuvent offrir d'intérêt dans ce travail.

Je relève :

2.700 [1] *conjonctivites* parmi lesquelles 1.100 conjonctivites phlycténulaires et 850 conjonctivites catarrhales. Dans l'été et l'hiver les conjonctivites catarrhales ne m'ont donné que 52 cas ; au printemps 528 ; à l'automne 270. L'influence saisonnière est donc très manifeste. Je noterai un

[1] En chiffres ronds.

fait important sur lequel j'insisterai ailleurs : Dans la très grande majorité des cas de conjonctivite catarrhale des enfants ou des adultes, j'ai pu établir l'origine scolaire de là maladie. Je veux dire que la conjonctivite avait été apportée dans la famille par un enfant qui l'avait prise lui-même à l'école.

Les maladies de la cornée se chiffrent par 850 ; 128 ulcérations cornéennes sont dues à des dacryocystites purulentes ; 536 sont des kératites phlycténulaires.

Nous avons donc 1.100 conjonctivites et 536 kératites phlyténulaires. Cette proportion est très élevée et prouve que, dans notre région, le lymphatisme est fréquent. Dans tous les cas, j'ai constaté la coexistence des rhinites signalées par le professeur Augagneur.

Granulations. — J'ai observé 120 cas de granulations légères, très nombreuses, mais très fines, guérissant ordinairement avec les seules cautérisations au sulfate de cuivre ; en outre 47 cas de granulations extrêmement graves, dont plusieurs avaient produit la perte de l'un ou même des deux yeux. Néanmoins, la proportion des granuleurs et surtout des trachômateurs est faible et, fort heureusement, notre contrée n'est pas de celles où fleurit cette redoutable affection.

Voies lacrymales. — 434 cas, dont 162 de simples rétrécissements et 253 de dacryocystites purulentes avec ou sans phlegmon. Je reviendrai tout à l'heure, à propos de la panophtalmie, sur les graves conséquences des dacryocystites. Mais je dois, dès maintenant, faire remarquer la proportion très notable des affections des voies lacrymales. Quelle en est la cause ? On sait que la plupart des lésions des voies lacrymales viennent de la muqueuse nasale. L'ozène — beaucoup plus fréquent qu'on ne le croit — joue un rôle assez important dans cette étiologie. Mais il me semble qu'une très large part doit revenir à ces rhinites herpétiques et impétigineuses dont j'ai noté la coexistence avec les kérato-conjonctivites phlycténulaires. Les rhinologues pourraient nous donner sur ce point des indications intéressantes.

Iritis rhumatismale. — 187 cas. Ce chiffre est considérable. Il prouve que le rhumatisme est fréquent en Anjou. Il s'explique, en outre, par cette observation que j'ai noté maintes fois, qu'un très grand nombre de rhumatissants sont atteints, tôt ou tard, soit dans le cours d'une crise, soit — et le plus souvent — en dehors de toute crise, après des années d'accalmie, d'une iritis rhumatismale. J'ai observé, en outre, 47 iritis de causes diverses et 52 iritis ou irido choroïdites spécifiques. Dans l'Anjou, l'iritis de cause rhumatismale est donc de beaucoup la plus fréquente. En présence d'une inflammation de l'iris nous devons, avant tout, nous préoccuper du rhumatisme.

Glaucôme. — Noté 78 fois.

Cataractes. — Complètes ou incomplètes 427. J'inscris seulement ces deux chiffres sans commentaires. Il serait prématuré, aujourd'hui, d'en tirer des déductions quelconques.

Panophtalmies ou phthisies de l'œil consécutives à la panophtalmie. — 255.

Sur ces 255 cas, un certain nombre sont dûs au traumatisme, aux ulcères à hypopyon, etc.

Il reste 142 cas de perte totale de l'œil, conséquence directe de dacryocystites purulentes. C'est là un point d'une gravité extrême sur lequel je ne saurais trop appeler l'attention de tous mes confrères. Tout rétrécissement des voies lacrymales doit être traité sans retard alors même qu'il ne produit qu'un larmoiement. Le malade, ne souffrant nullement, ne s'en plaint pas, et le médecin, il faut bien le dire, n'y attache qu'une importance très secondaire. Cependant les culs-de-sac conjonctivaux sont très riches en microbes que les larmes entraînent dans le sac lacrymal. Si l'écoulement en est continu par un canal nasal perméable, rien ne survient. Mais si le canal est fermé, la stagnation de ce liquide septique ne tarde pas à produire une inflammation. Le liquide du sac qui reflue sur l'œil par les points lacrymaux devient purulent. La plus légère érosion accidentelle de l'épithélium cornéen sert alors de porte d'entrée à l'invasion microbienne. Dans ce cas, l'ulcération alimentée sans cesse par le pus du sac lacrymal, marche avec une grande rapidité vers la panophtalmie.

Il est donc urgent, je le répète, de traiter tout rétrécissement des voies lacrymales, même au début. Cette remarque prend une importance particulière dans notre région où les dacryocystites sont très fréquentes.

En résumé, ce qui domine dans les maladies des yeux en Anjou, ce sont les affections de cause lymphatique ou rhumatismale.

M. le D appuie complètement les conclusions de M. le D* Motais et constate avec regret que les écoles et surtout les crèches sont de véritables foyers de conjonctivites catarrhales.

M. le D* Petrucci, directeur et médecin en chef de l'asile départementale d'aliénés de Sainte-Gemmes-sur-Loire (Maine-et-Loire), chargé d'un cours libre de clinique des maladies mentales à l'École de Médecine d'Angers.

De l'internement des aliénés dangereux et criminels

Depuis quelques années, les crimes commis par les aliénés se multiplient dans une proportion effrayante. Les journaux en relatent tous les jours des cas nouveaux.

Deux, entre mille, ont particulièrement impressionné le public : l'attentat du Dr Gilles de la Tourette blessé par une hystérique et, dernièrement, l'assassinat de l'abbé de Brogiie par une persécutée imaginaire.

Aujourd'hui, ce n'est plus seulement la vie des souverains qui est menacée, ni même celle de tout personnage tant soit peu en vue, dans la politique, dans les sciences ou dans toute autre branche de la société, mais du premier individu passant dans la rue. J'en connais de nombreux exemples. Nul n'est à l'abri de l'agression lâche et brutale d'un aliéné.

Par cette expression générale d'aliéné, il ne faut pas comprendre uniquement les fous proprement dits, c'est-à-dire ceux dont l'état morbide est manifeste, les divagations évidentes, absurdes, les actes désordonnés, les hallucinations et autres troubles sensoriels exubérants ; ceux-là ne sont pas les plus dangereux. Ils peuvent troubler l'ordre et même la sécurité publique par leurs violences inconscientes, mais ils ne tuent pas froidement, avec calcul et apparence de raison.

Les autres, les malades raisonnants, les persécutés, les fanatiques, les hystériques, les déséquilibrés, en un mot tous ces dégénérés de divers ordres, voilà les aliénés dangereux et d'autant plus terribles, d'autant plus redoutables, qu'ils jouissent de toute leur liberté. Ils vivent dans le monde, ils y sont plus nombreux que dans nos asiles.

Ils sont souvent calmes, dissimulant leur délire; aucune manifestation morbide ne permet de leur donner des soins. Le mal n'en est pas moins réel et très profond. Il faut en attendre l'éclosion, presque toujours subite, parfois tragique, pour y porter remède.

Encore, n'est-ce pas toujours chose facile !

Un de nos confrères, des plus distingués, que je ne vous nommerai pas dans la crainte de blesser sa modestie, m'écrivait dernièrement une lettre des plus judicieuses, au sujet de la difficulté qu'il rencontrait souvent dans le monde à faire interner des fous en liberté. Ils sont considérés comme inoffensifs, parce que leurs divagations ne sont pas constantes et que les gens, à l'abri de cette erreur, se font un scrupule de séquestrer des malades qui n'ont qu'une idée fixe, de pauvres petites hallucinations de l'ouïe sans importance. Je ne crois pouvoir mieux faire que de vous citer textuellement le passage de cette lettre, rapportant un petit dialogue typique entre lui et la famille de son client au sujet de l'éventualité de l'internement du malade.

— Mais, docteur, pour si peu, ne serait-ce pas de la séquestration arbitraire ? Puis, si on le met dans une maison de fous, tel qu'il est, avec les bizarreries de son esprit, il est bien capable de le devenir tout à fait.

— Non, Monsieur, il ne le deviendra pas, car il l'est déjà, et, de plus, fou dangereux.

— Vraiment, docteur, vous exagérez terriblement et nous attendrons.

— Vous attendrez que votre homme bizarre ait tué quelqu'un !

— Mais, Docteur, il a toujours été doux et c'est un excellent homme.

— D'accord pour le passé, mais à présent il se dit persécuté, il entend des voix et demain, poussé par elles, il sera persécuteur, justicier, homicide.

— Docteur, vous voyez des fous partout.

Et pour un peu, ajoute notre confrère, on nous dirait, à nous autres médecins ordinaires, que nous sommes comme vous, que nous avons intérêt à voir des fous partout, et qu'à fréquenter les fous on le devient soi-même.

La dégénérescence, il faut bien le reconnaître, nous envahit. Elle est physique, intellectuelle, morale.

Elle est produite par des arrêts de développement de certains organes, de facultés spéciales, en opposition fréquente avec une croissance immodérée des autres. De là, déséquilibration, disproportion, asymétrie. Une maturité hâtive vient, le plus souvent, parachever ce tableau disparate.

La dégénérescence est le fruit de l'union d'états morbides, d'organes malades, affaiblis, sclérosés soit par l'alcoolisme, le rhumatisme, la goutte, la tuberculose, la syphillis, etc, etc., ou atrophiés par une sénilité précoce, un épuisement nerveux anticipé.

Le retour à la sagesse étant une chimère, une illusion, il convient de combattre le fléau par lui-même, c'est-à-dire par la sélection et de faire la part du feu.

La nature, dans sa loi inéluctable, a frappé de mort tous ces êtres misérables.

Atteints d'atrophie progressive, devenus stériles après plusieurs générations défectueuses, j'allais dire vicieuses, ils doivent inexorablement disparaître.

La société, impuissante à les arracher à la mort, ne peut que les assister le plus humainement possible jusqu'au terme fatal ; c'est son premier devoir, elle ne saurait y manquer. Elle doit les hospitaliser dans des maisons spéciales aussitôt qu'il n'est plus permis de les laisser au dehors, soit qu'ils y deviennent dangereux ou qu'il soit nécessaire de les protéger contre les dernières luttes de la vie et adoucir les souffrances de l'agonie.

Le médecin ou, si on préfère, les médecins, autant qu'on voudra, en un mot un jury médical, peuvent uniquement juger de l'opportunité du moment de l'internement. Toute autre intervention ne serait pas justifiée. Elle serait déraisonnable. Ce serait chasser le médecin du lit d'un moribond pour le remplacer par le premier venu, livrer la vie d'autrui au hasard, substituer à la science la fantaisie et l'ignorance.

L'arrêt peut être prononcé, sanctionné par une autorité quelconque, la plus élevée si l'on veut, l'autorité judiciaire, puisqu'il s'agit du bien le plus précieux, la liberté individuelle, mais l'expertise et le jugement ne peuvent être que médicaux.

Ce principe est celui de la loi anglaise. L'aliéné est livré complètement au jugement et aux soins du médecin, mais sous la surveillance et l'autorité de la reine. Les malades portent même le nom de leur souveraine ; ils sont appelés malades de la reine. Le premier chancelier s'occupe de leurs affaires, règle leurs intérêts, se substitue au besoin à la famille, comme l'administration judiciaire provisoire en France.

En Angleterre, les aliénés criminels sont enfermés à vie dans le *Broad moor criminal lunatic asylum*. Une décision de la reine peut, seule, leur ouvrir les portes de cet établissement.

En France, il est question d'instituer des établissements de cette nature, mais ce n'est pas suffisant. Il faut apporter plus de prudence et de circonspection dans le placement et la sortie des aliénés. Les aliénés criminels ne sont pas enfermés à vie, pas même à temps. La liberté, après une détention indéterminée, à échéance parfois très courte, est le résultat le plus ordinaire.

Qu'arrive-t-il généralement? L'aliéné criminel est jugé responsable ou irresponsable.

Responsable, il bénéficie toujours de circonstances atténuantes, grâce aux tares morbides qu'il présente. La condamnation est proportionnellement abaissée, si même un acquittement ne survient pas. La peine expiée, la maladie persiste ; l'aliéné peut recommencer et avec d'autant plus d'acharnement qu'il y est quelquefois surexcité par la vengeance.

Irresponsable, le prévenu est placé dans une maison de santé par l'autorité administrative, à la suite d'une ordonnance de non-lieu.

Ce résultat n'est pas toujours obtenu sans difficultés. L'autorité judiciaire qui, en vertu de l'article 29 de la loi de 1838, peut rendre la liberté à un malade avant guérison, malgré l'avis du médecin, n'est pas autorisée à le placer dans une maison de santé, même s'il est reconnu dangereux et criminel. Quel illogisme ! Ainsi, Mlle Amelot, l'assassin de l'abbé de Broglie, à la suite d'un non-lieu ou d'un acquittement, motivé par l'état morbide de son esprit, ne pourra être placée directement dans un asile par l'autorité judiciaire, mais le lendemain du placement elle peut en sortir immédiatement, par décision judiciaire, rendue sans délai et non motivée.

Il n'est pas sans exemple de voir l'autorité administrative refuser un placement sollicité par l'autorité judiciaire,

L'aliéné est aussitôt mis en liberté, il peut recommencer le lendemain.

Il est juste de reconnaître que ce résultat est très exceptionnel, et comme il ne convient pas de juger du général par l'exception, que survient-il le plus souvent ? L'aliéné est placé d'office dans un asile par l'autorité préfectorale sur la demande de la justice. Sous l'influence d'un régime spécial, d'une vie calme, l'état mental s'améliore. Le malade devenu doux, tranquille, raisonnable, sollicite sa sortie. La famille en soutient et en provoque la demande. Elle s'engage à prendre toute la responsabilité d'un essai de sortie et à faire réintégrer le malade en cas de rechute.

Parfois, l'autorité judiciaire elle-même, ou l'autorité administrative, quelquefois les deux ensemble sont les premières à réclamer un essai de sortie, surtout si les conditions spéciales de surveillance au dehors leur semblent donner toute sécurité. La résistance du médecin est dès lors illusoire ; elle paraît systématique, passionnée. Il est obligé de céder et d'accorder de bonne grâce ce qu'on lui imposerait.

Finalement, l'aliéné est rendu à la liberté comme dans le cas précédent. La société reste exposée aux mêmes dangers.

Je ne viens pas ici défendre la loi de 1838. D'abord, je n'en suis pas chargé, puis ce serait inutile. Elle est aujourd'hui condamnée. Vivement attaquée, jugée insuffisante, il faudrait au moins, pour la remplacer, quelque chose de mieux.

Certes, la perfection n'est pas dans les choses humaines, surtout dans les lois générales ; il faut bien les connaître, les peser, les juger et surtout savoir les appliquer aux cas particuliers.

La loi de 1838, je ne crains pas de le dire, n'est pas observée par ceux qui les premiers devraient la faire respecter ; et cela, parce que mal comprise, les autorités éludent des obligations qu'elles sont insuffisantes à remplir. Elles jugent des questions médicales, alors qu'incompétentes elles devraient s'en tenir à prononcer des arrêts et à couvrir des responsabilités.

La lecture si intéressante des rapports remarquables et des discussions parlementaires qui ont amené le vote de la loi de 1838, celle de toutes les circulaires ministérielles qui l'accompagnent, prouvent surabondamment que le législateur en donnant la valeur exécutive aux autorités administrative et judiciaire, a tenu essentiellement à ne pas transformer les magistrats en experts. Il leur recommande de motiver leurs décisions par toutes les enquêtes qu'ils jugeront convenables, expertises et contre-expertises médicales ou autres, leur laissant sous ce rapport un pouvoir absolu pour éclairer leur religion ; un jugement médical est de toute nécessité.

Dans les cas les plus difficiles, les plus délicats, chaque fois que la magistrature ne s'est pas écartée de cette règle, elle a rendu un arrêt éclairé, conforme à tous les intérêts, au-dessus des critiques les plus acerbes, les plus malveillantes. Sa propre dignité et le souci de conserver intacte toute sa considération, lui imposent le devoir de couvrir sa responsabilité par une autorité médicale.

L'intervention de la magistrature peut alléger le fardeau pénible de notre responsabilité, mais réciproquement nos certificats, nos expertises, appuyés sur la science et la vérité lui rendent le même service.

J'ai entendu au Congrès aliéniste de 1889, alors qu'il était question de la réforme de la loi des aliénés, un magistrat éminent, M. Barbier, ancien procureur général à la Cour de Paris, s'élever contre l'immixtion trop directe de la magistrature dans le régime des aliénés : « Quel mauvais présent vous nous feriez, s'écriait-il avec « feu ; nous sommes des magistrats, non des experts. « Notre incompétence nous exposera à des fautes qui « rejailliront sur notre considération. »

Gambetta lui-même l'avait compris. Il demandait la composition d'un jury spécial à substituer à la magistrature. Son projet était irréalisable. La composition et le fonctionnement régulier d'une Commission nombreuse, permanente et gratuite, est impossible à former. Cette idée avait au moins l'avantage de dégager la responsabilité judiciaire pour la laisser entière à une Commission indépendante.

Les visites presque quotidiennes, imposées aux parquets dans le projet de la nouvelle loi, ne sont pas plus réalisables. Elles tomberont en désuétude par leur inutilité même.

En résumé, le rôle de la justice dans la surveillance des aliénés ne peut se comprendre que si elle est éclairée par la science médicale.

En ce qui me concerne, je suis le premier à inviter un malade raisonnant qui me harcèle de ses plaintes à les transmettre à M. le Procureur de la République.

Je ne crains pas, dans les cas embarrassants, de conseiller à ce magistrat de nommer une Commission de médecins étrangers à l'Établissement, pour procéder à un examen médical, même en dehors de nous. Bien qu'on ne plaide pas avec un insensé, j'ai vu quelquefois M. le Procureur de la République faire constituer avoué au malade pour que le Tribunal reçoive régulièrement sa plainte. A plusieurs reprises, diverses Commissions, toujours médicales, ont été désignées pour examiner le même malade. Les conclusions de ces Commissions sont toujours venues corroborer les miennes.

Je dois ajouter que, même en eût-il été autrement, le sentiment·d'avoir accompli mon devoir, d'avoir exprimé sincèrement mon opinion et dégagé ma responsabilité, eût suffi à la tranquillité de ma conscience et à ma satisfaction.

Le nombre des expertises ne fait qu'accroître la valeur morale et scientifique des médecins, en même temps que l'autorité de la magistrature.

Je ne vois aucun inconvénient à étendre l'action de la magistrature dans le placement et le traitement des aliénés. C'est une satisfaction et une garantie à accorder à l'opinion publique, vivement surexcitée par les polémiques de la presse au sujet des séquestrations dites arbitraires, mais à la condition expresse que cette intervention soit parallèlement éclairée par la science médicale et non livrée à la fantaisie, à l'arbitraire et ce qui est pis encore, à l'incompétence.

Je regrette que le temps réglementaire accordé dans un Congrès scientifique au développement de chaque question ne me permette pas de m'étendre davantage.

Je résume brièvement les considérations que je vous présente dans les conclusions suivantes, que les législateurs, pour la sauvegarde de la Société, pourraient introduire sous forme d'articles additionnels dans le nouveau projet de loi dont le Sénat et la Chambre attendent une dernière lecture :

1º Les aliénés dits criminels, reconnus irresponsables, ou responsables avec atténuation, seront séquestrés dans un asile spécial à cette catégorie de malades.

2° Ils n'en pourront sortir que par jugement du Tribunal. Ce jugement, dans un aucun cas, ne pourra être rendu sans avis médical.

La séance est levée à 11 heures.

Les Secrétaires :

Girard, pharmacien ; Dr Lepage.

SECTION DES SCIENCES APPLIQUÉES

Vendredi 14 Juin 1895

PROCÈS-VERBAL DE L'ASSEMBLÉE GÉNÉRALE

Présidence de M. A. BOUCHARD
Délégué de la Société Industrielle et Agricole
du département de Maine-et-Loire

A 9 heures, M. le Président déclare la séance ouverte
et invite M. le Dr GARIEL, professeur de physique à la
Faculté de Médecine de Paris, à prendre place au Bureau
et lui souhaite la bienvenue; puis il donne la parole à
M. le Dr Atgier pour une communication sur les *trois
races Indo-Européennes*, qui constituent le fond de la
population de la France, leurs origine, description,
migration et invasion avant l'ère chrétienne.

M. le Dr ATGIER prouve que les premiers conquérants
en Gaule et en Ibérie, s'appelaient Ibères; Pélasges en
Italie, en Grèce et en Asie-Mineure ; ces peuplades étaient
connues aussi sous le nom de Caucasiens, parce que le
versant méridional du Caucase est regardé comme leur
foyer d'origine.

La seconde race Indo-Européenne, qui fit invasion en
Gaule, fut celle des Celtes. Elle venait des monts Bolor,

contreforts de l'Himalaya. Elle entra en Gaule par les Alpes Suisses, les Vosges et le Jura et se fixa entre la Loire et la Garonne, où elle fonda la grande confédération celtique qui rayonna plus tard dans tous les sens de la Gaule.

La troisième souche de peuple, qui contribua au peuplement de la Gaule, s'appelle Kymris. Elle venait de l'Asie, passa entre les monts Ourals et la mer Caspienne, entra en Europe et occupa la région méridionale de la Russie. Au vi° siècle avant Jésus-Christ, les Kymris arrivèrent sur les bords du Rhin ; une partie de la peuplade fit souche du Rhin à la Seine sous le nom de Belges, l'autre partie s'avança jusqu'à l'Armorique et de là passa dans l'île d'Albion.

M. le Dr Atgier montre à l'assemblée, au moyen d'une carte dressée par lui, toutes les migrations et invasions des Ibères-Pélasges, des Celtes et des Kymris.

Cette communication, très étudiée et documentée, intéresse vivement les auditeurs de M. le Dr Atgier, et M. le Président ne se fait que le fidèle interprète de leurs sentiments en complimentant son auteur.

M. Georges Guéry fils, docteur en Droit, traite la question de l'*Importance démographique de la population agricole*.

Il indique qu'aux nombreuses branches de la science économique un nouveau rameau vient de s'ajouter : c'est la démographie.

L'orateur examine quel est le point de départ de la démographie. Elle a été suscitée par la diminution annuelle de la population française signalée par la statistique.

L'excédent des naissances sur les décès devenant de moins en moins important, M. Guéry cite à ce propos des chiffres concluants. Puis arrive une année néfaste, 1890, année dans laquelle l'excédent de mortalité disparaît pour faire place à un excédent de décès. De 1890 à 1892, l'effectif de la population française diminue de près de 69.000 nationaux.

Durant cette période, l'Allemagne augmente son effectif dans des proportions énormes et effrayantes ; il en est de même en Angleterre, en Italie.

M. Guéry envisage les causes de la dépopulation. Elles viennent de ce que, dans les villes, les décès l'emportent sur les naissances.

La population agricole, qui est encore féconde, n'arrive qu'à grand'peine à contrebalancer la mortalité des villes.

Mais les campagnes se dépeuplent elles-mêmes, parce que leurs habitants émigrent de plus en plus vers les villes ; parce que les naissances y deviennent aussi plus rares qu'autrefois ; parce que, encore dans les campagnes, il règne une excessive mortalité.

La loi sur la surveillance des enfants du premier âge a amené d'excellents résultats, puisqu'ils se traduisent en 1894 par un excédent de 8.000. Il faut espérer, dit M. Guéry en terminant cette intéressante étude, très goûtée et applaudie, que nous entrons dans une ère nouvelle, qui sera caractérisée par un nombre toujours croissant de citoyens.

Au jeune et éloquent orateur qui vient de quitter la tribune succède M. le Dr Motais, chargé du cours de clinique ophtalmologique à l'École de Médecine d'Angers et inspecteur oculiste des écoles du département de Maine-et-Loire.

M. le Dr Motais est bien connu à Angers et du monde savant pour ses observations concernant l'*hygiène de la vue*, très précises, présentées avec un remarquable talent de parole.

D'après ses notes, l'œil des enfants des campagnes et des villes est hypermétrope, c'est-à-dire, organisé pour voir de loin dans la proportion de 75 o/o chez les élèves des écoles des campagnes, tandis qu'il n'est plus que de 40 à 45 o/o dans les écoles des villes.

M. le Dr Motais indique de façon irréfutable les causes de la différence de l'organisation qui existe entre l'œil des enfants des campagnes et ceux des villes.

Dans une seconde communication, M. le Dr Motais s'occupe du mobilier scolaire dans les rapports avec la taille des élèves à Paris et en Maine-et-Loire.

Le savant professeur signale, en outre, la fréquence de la conjonctivite catarrhale dans les écoles de l'Anjou.

Ces trois communications, concernant l'usage de la vue, sont d'un intérêt pratique important, qui n'échappe pas à l'assemblée, et M. le Dr Motais est salué, en quittant la tribune, par de nombreux applaudissements.

M. l'Ingénieur Houbigant étudie savamment *les propriétés du fluide universel*.

L'ordre du jour appelle la communication de M. Cointreau sur la *rectification des alcools parfumés*.

Après un court exposé et quelques critiques de la loi sur la réforme de l'impôt des boissons, M. Cointreau, avec l'aisance d'un professeur expérimenté donnant une leçon pratique à ses élèves attentifs et charmés, fait la démonstration des perfectionnements apportés aux appareils distillatoires.

Il montre tout d'abord les vieux alambics avec lesquels les liquoristes distillaient et laissaient se mélanger, à moins d'être très habiles, les produits de tête et de queue à l'alcool de cœur.

Maintenant la distillation à la vapeur a modifié l'ancien

état de choses. Au moyen d'une sphère — rectificateur Egrot — montée sur le serpentin, les huiles essentielles, lourdes, sont condensées dans cette boule et ne passent pas dans le serpentin, de sorte que la rectification s'opère en quelque sorte automatiquement.

M. Cointreau fait passer dans l'assemblée des alcools d'orange rectifiés et de flegmes nauséabonds issus d'une distillation avec un alambic Egrot muni de son rectificateur.

Il indique aussi, au moyen d'un exemple, le côté économique de l'opération. L'emploi du rectificateur diminue la quantité des flegmes.

C'est joindre le résultat pratique à la démonstration théorique.

En terminant sa très instructive conférence, M. Cointreau fait connaître à l'auditoire un nouvel appareil, inventé tout récemment par l'ingénieur Roberti et destiné à donner la richesse alcoolique d'un vin, en même temps que son titre en extrait sec et en acidité.

M. le Président félicite l'orateur d'avoir bien voulu entretenir les membres du Congrès de l'importante question de la rectification de l'alcool, question qui, au moment où le Parlement se préoccupe de la réforme de l'impôt sur les boissons, préoccupe à un si haut degré l'opinion publique.

M. A. Bouchard fait l'historique de l'*Industrie de la chaux de terre dans l'arrondissement de Segré*. Il montre l'avantage qu'ont les cultivateurs de trouver sous la main une chaux de très bonne qualité et à bas prix, et qui est appropriée, en quelque sorte, à la nature des terres qu'ils cultivent.

Puis, abordant la question du rôle de l'hybridation dans

la reconstitution du vignoble, M. Bouchard montre les résultats obtenus d'ores et déjà, et ceux que l'on peut attendre dans l'avenir.

Avant de clore la séance, M. le Président remercie les savants qui ont bien voulu apporter leur tribut au Congrès des Sociétés savantes de l'Ouest ; il remercie aussi les nombreux auditeurs de leur bienveillante attention et annonce que, dans l'après-midi, les congressistes sont invités à visiter le laboratoire de distillation de M. Cointreau et la filature de l'*Ecce Homo*.

SCIENCES APPLIQUÉES

M. le Dʳ Atgier :

Les trois races Indo-Européennes qui constituent le fond de la population de la France. Leurs origine, description, migrations et invasions avant l'ère chrétienne.

L'histoire de notre pays, la France, appelée primitivement la Gaule, n'est guère connue de nos historiens qu'à partir de la conquête qu'en fit César au Iᵉʳ siècle avant l'ère actuelle.

En fait d'invasions sérieusement connues et décrites en Gaule par les historiens, nous ne trouvons dans l'histoire, après celle des Romains qui eut lieu au Iᵉʳ siècle avant Jésus-Christ, que celle des Barbares, Vandales, etc., qui eut lieu au Vᵉ siècle de notre ère, puis celles des Goths, des Francs, des Burgondes, des Huns et des Arabes ou Sarrazins.

Il y eut cependant, bien avant la conquête de César, de grandes invasions en Gaule, puisque César la trouva toute peuplée lors de son arrivée ; ce peuplement avait été effectué par trois races blanches bien distinctes venues de l'Asie : les Ibères, les Celtes, les Kymris, dont nous allons étudier l'origine, la description et les invasions successives qui ont constitué le fond de la population de notre beau pays.

Les historiens nomment Gaulois tous les habitants de la Gaule ancienne, mais nous, qui envisageons ces ancêtres au point de vue anthropologique et ethnologique, nous sommes obligés, en étudiant leur histoire naturelle, politique et sociale, leur évolution en un mot, de reconnaître qu'ils avaient trois origines bien distinctes, et nous pensons que les historiens de l'avenir devront être à la fois des anthropologiques, car, à côté de l'histoire d'un peuple, il y a aussi l'histoire des races qui ont formé ce peuple.

1° *Les Ibères*

Les premiers conquérants de notre sol furent ceux qui, en Gaule et en Ibéric, étaient connus sous le nom d'Ibères ; en Italie, en Grèce et en Asie Mineure sous celui de Pélasges ; ils sont connus aussi sous le nom de Caucasiens, parce que le versant méridional du Caucase est considéré comme leur foyer d'origine, bien que rien ne nous prouve encore qu'ils ne fussent pas les mêmes que les Mèdes et les Perses de l'antiquité.

Quoi qu'il en soit, et pour leur laisser un nom déjà consacré, nous les nommerons Ibéro-Pélasges, ou plus simplement Ibères.

Pourquoi considérons-nous les Ibères comme les premiers envahisseurs du sol de la Gaule ?

La réponse à cette question nous est donnée par les sépultures dites préhistoriques, qui prouvent qu'ils furent, en date, les premiers envahisseurs de notre sol ; je ne dis pas les premiers occupants, car ils durent trouver les races dites autochtones, telles que les races de Néanderthall, de Cro-Magnon, etc., dont nous n'avons pas à parler ici.

Leurs sépultures, en effet, bien antérieures aux dolmens de l'époque celtique (dont nous parlerons en deuxième lieu), nous prouvent qu'ils étaient de taille moyenne, 1 mètre 65 environ, et que leurs crânes étaient dolichocéphales, c'est-à-dire ovalaires ; or, cette taille et cette conformation crânienne répondent encore parfaitement aujourd'hui à la taille et à l'indice céphalique moyen des peuples qui forment le fonds ancien de la population de l'Asie Mineure, de la Grèce, de l'Italie, du sud de la France, de l'Espagne et aussi de l'Afrique du Nord, où nous trouvons les Berbères ou Ibéro-Berbères.

Leurs sépultures anciennes, qui ont résisté dans certains terrains à l'empire des siècles, étaient des Cystes ou Cellæ, qui ne ressemblent en rien aux dolmens de construction moins ancienne et qui ne renferment pas exclusivement, comme les Cystes, des crânes dolichocéphales ; ces Cystes sont des fosses quadrilatères composées d'un pavage en pierres plates ; d'autres pierres plates debout forment les parois réunies par des murets de pierres sèches ; le tout recouvert de pierres plates formant couvercle et enfouies sous des amas (les uns ronds, les autres ovales) de pierraille agglomérée par de l'argile imperméable qui les a sauvés de l'injure des temps. Ces amas sont connus vulgairement sous le nom de Cairns.

A côté des crânes et autres ossements susdits se trouvaient des instruments de pierre et autres amulettes. L'indice céphalique des trente crânes environ retrouvés intacts dans des sépultures de ce genre par M. Tartarin, juge à Montmorillon, dans la Vienne, près Lussac-les-Châteaux, dans la nécropole néolithique du Maupas, et que nous avons pu étudier après lui, varie de 69,00 à 75,20. Cet indice crâniométrique, augmenté de deux unités, selon la méthode de Broca, donne exactement l'indice céphalique des populations méditerranéennes dont nous avons parlé.

Beaucoup d'autres sépultures du même genre ont été découvertes et étudiées ces dernières années en France.

Cette race s'étendit de l'Asie sur tous les bords de la Méditerranée d'abord et de l'Océan ensuite, elle mérite bien les appellations de Pélasges (de πέλαγος qui signifie mer), d'Ibères (d'Ebre, qui signifie eau), d'Aquitains (de *aqua*, eau), d'Armoricains (de *armor*, mer, en gaulois), à cause de son expansion maritime.

Ces peuples marins colonisèrent d'abord les rivages puis s'enfoncèrent peu à peu dans l'intérieur par la vallée des grands fleuves.

Les colonies grecques (dont parlent les historiens et géographes grecs et latins) dont nous retrouvons les vestiges sur nos côtes de France et jusque sur les côtes d'Angleterre (Silures) n'étaient autres que celles de ce peuple envahisseur et conquérant.

A cette souche ethnique appartenaient : en Asie Mineure, les Ibères du sud du Caucase, dont nous retrouvons aujourd'hui le type chez les Georgiens, etc. ; en Grèce, les Grecs antérieurs à l'arrivée des Hellènes ; en Italie, les Latins, Saliens, Sicules, Osques, Étrusques, etc. ; en Gaule et en Espagne, les Ibères ; en Afrique, les Berbères ; en Angleterre, les Logriens et les Siluriens.

Malgré les invasions ultérieures, ces Ibères restèrent purs dans certains pays peu accessibles ; tels sont les Guanches des îles Canaries, les Kabyles de l'Atlas, les Basques des Pyrénées.

Enfin, en Gaule, l'Ibérie, d'après Strabon, commençait au Rhône, s'étendait aux Pyrénées et, de là, jusqu'au détroit de Gabès ou Gibraltar.

Les Ibères, identiques aux Latins, Grecs et Georgiens,

étaient de taille moyenne, c'est-à-dire de 1 mètre 65 ; ils avaient les yeux et les cheveux noirs ; le nez droit et régulier ; leur face était leptoprosope, c'est-à-dire ovale ; leur crâne, dolichocéphale, c'est-à-dire ovalaire. Tels sont encore aujourd'hui les signes caractéristiques de leurs descendants, les Méditerranéens de l'Europe, de l'Asie et de l'Afrique.

2° *Les Celtes*

La deuxième race blanche Indo-Européenne qui fit invasion en Gaule fut celle des Celtes.

C'est vers le xx° siècle avant Jésus-Christ que ces Brachycéphales bruns sortirent de leur foyer d'origine qui fut le versant occidental des monts Bolor ou Ilimahus (contrefort de l'Himalaya), de l'Indou-Kousch et des hauts plateaux de l'Asie centrale (Massaga), etc.

Ils occupèrent longtemps la contrée nommée jadis la Sagdiane et la Bactriane, ils côtoyèrent la mer d'Aral, la mer Caspienne, entrèrent en Europe entre cette mer et les monts Ourals (cette porte ouverte aux invasions asiatiques) ; ils côtoyèrent les bords de la mer Noire, atteignirent l'Europe en suivant les monts Balkans et Karpathes qui bordent l'immense vallée du Danube, où ils laissèrent de nombreuses colonies.

Ils entrèrent en Gaule très probablement par les Alpes suisses, les Vosges, le Jura, pour se fixer dans le centre de la Gaule (Auvergne, Berry), entre la Loire et la Garonne, où ils fondèrent la grande confédération celtique que retrouve César, où leur type domine encore et d'où ils rayonnèrent plus tard en tous sens.

Pourquoi considérons-nous les Celtes comme arrivés sur notre sol après les Ibères ? Leurs sépultures dolmeniques viennent nous en donner la réponse. Ce sont eux, en effet, les constructeurs des dolmens que nous retrouvons sur tous les points de la France encore actuellement. Or, les ossements de leurs dolmens renferment des crânes brachycéphales ou mélangés de dolichocéphales, mais non exclusivement dolichocéphales, comme les Cystes des Ibères.

Les principaux caractères des Celtes sont :

1º La brachycéphalie variant de 82 à 85 ; ce caractère différentiel est fondamental, leurs crâne et face ronds les différencient des Ibères au crâne et à la face ovales ;

2º Taille peu élevée, un peu au-dessous de 1 mètre 65 (moyenne) ;

3º Épaules larges et trapues ;

4º Poitrine bombée.

Nous retrouvons tous ces caractères dans les ossements des dolmens dont le mobilier funéraire dénote un certain progrès sur celui des Cystes Ibères et dans les populations celtiques restées pures en France et que nous retrouvons dans les montagnes de l'Auvergne, de la Savoie et de la Bretagne.

Enfin, un grand caractère que nous retrouvons sur le vivant seulement, c'est la coloration brune des cheveux et foncée des yeux. Le nom de Celtibérie, donné à la région de la Gaule située au sud de la Garonne, indique qu'un mélange ethnique se fit dans la suite entre les Celtes et les Ibères.

Une fois implantés dans le centre de la Gaule, les Celtes se multiplièrent et firent de nouvelles invasions.

Au xviiiº siècle avant Jésus-Christ eut lieu une invasion celtique vers l'Armorique, où leur type est resté encore pur aujourd'hui chez les Bas-Bretons, comme nous l'avons observé dans les landes du Morbihan. De l'Armorique, ils passèrent dans l'île d'Albion, où leur type se retrouve chez les montagnards écossais, de là à l'île d'Érin où leur littérature s'épanouit et nous a été révélée par les poèmes d'Ossian, etc.

Au xvi⁰ siècle avant Jésus-Christ, c'est-à-dire deux cents ans après, une nouvelle invasion celtique eut lieu vers l'Ibérie (Espagne) en contournant les Basses-Pyrénées, entrant dans la péninsule, refoulant les Ibères dans leurs montagnes et chassant par les Pyrénées Orientales les colonies pélasgiques des Sicules ou Sicanes qui rentrèrent, par le littoral, dans l'Italie dont elles étaient sorties.

Au xv⁰ siècle avant Jésus-Christ, c'est-à-dire cent ans après, la grande confédération celtique fit une importante invasion, connue sous le nom d'Amrha (ou vaillante), vers l'Italie où ils sont connus dans l'histoire sous les noms d'Ombriens ou Ambrons. Ils refoulèrent les Sicules, s'établirent dans la magnifique vallée du Pô et dans les Apennins, où ils fondèrent le royaume d'Ombrie, qui dura quatre cents ans et s'étendit jusqu'au Tibre. Nous retrouvons le type pur de ces Celtes chez les montagnards des Alpes (Savoyards) et des Apennins (Ombriens).

Ce royaume fut renversé par l'arrivée des Étrusques, peuple pélasge.

Une dernière invasion celtique bien connue et ne datant que du vi⁰ siècle avant Jésus-Christ est celle organisée par le biturige Ambigat. Elle se composait, dit l'histoire, de 3oo.ooo hommes, femmes et enfants, et se divisa en deux colonnes, commandées chacune par les deux fils d'Ambigat, Bellovèse et Sigovèse.

La première s'abattit sur l'Italie, arracha aux Étrusques la vallée du Pô et la moitié supérieure de l'Italie, où elle releva le royaume celtique d'Ombrie. La deuxième, commandée par Sigovèse, passa le Rhin, suivit la vallée du

Danube, franchit les Balkans et se dispersa en Illyrie, Épire et Macédoine, où l'on retrouve encore leurs descendants.

Les Celtes, une fois arrivés d'Asie en Gaule, avaient donc rayonné en tous sens de la Gaule dans l'Europe entière.

3° *Les Kymris*

La troisième souche de peuples qui contribua au peuplement de la Gaule fut celle des Kymris, dont nous avons pu retrouver l'origine jusque dans la haute Asie, dans la région appelée dans l'antiquité Scythie d'Asie et appelée dans la suite Tartarie, sans affirmer qu'elle ne soit pas venue de plus loin encore.

Au viii° siècle avant Jésus-Christ, ils quittèrent l'Asie, passèrent entre les monts Ourals et la mer Caspienne et entrèrent en Europe, où ils occupèrent la région méridionale de la Russie actuelle, ancienne Scythie d'Europe.

Ils fondèrent un premier royaume sur les bords du Pont-Euxin ou mer Noire, où ils étaient connus du temps d'Hérodote sous le nom de Scythes royaux ou de Cimmériens ; la Chersonèse Taurique ou Crimée actuelle était le centre de ce royaume.

Au vii° siècle avant Jésus-Christ, c'est-à-dire cent ans après environ, une invasion des Scythes d'Europe ou Germains nomades vers le royaume des Cimmériens obligea ces derniers à quitter leur pays ; ils se divisèrent en deux colonnes : l'une qui côtoya le Pont-Euxin ou mer Noire et envahit l'Asie-Mineure, sous la conduite de Lygdamis ; l'autre colonne, la plus forte, traversa l'Europe, de la mer Noire à la mer Baltique, laissant çà et là des colonies sur le littoral de cette mer, envahit le

Danemarck actuel, nommé alors Chersonèse Cimbrique ou Kymrique.

Au VIe siècle avant Jésus-Christ, ils arrivèrent enfin au seuil de la Gaule, par le nord-est, sur les bords du Rhin, sous la conduite de Hu-Gadarn ou Hu-le-Puissant, chef à la fois militaire et religieux, comme le fut Abd-el-Kader chez les Arabes.

Arrivée en Gaule, une partie de la colonne s'y implanta, fit souche, du Rhin à la Seine, sous le nom de Belges, Bœlg ou Bolg, constituant l'élément blond qui forme le fond de la population actuelle du nord et de l'est de la France ; c'est de là qu'est venu le nom de Gaule Belgique.

L'autre, celle des Bretons, fidèle à Hu-Gadarn, passa en Armorique qui se nomma dès lors Britania ou Bretagne et de là passa dans l'île d'Albion qui prit aussi le nom de Grande-Bretagne.

Ils firent souche dans ce pays et leurs descendants actuels se retrouvent purs dans le pays de Galles en particulier.

Au IVe siècle avant Jésus-Christ, les Bretons-Kymris de la Grande-Bretagne durent revenir dans la Petite-Bretagne, chassés par l'invasion germaine, sur leur sol, des Angles et des Saxons, d'où vient à la Grande-Bretagne le nom d'Angleterre.

Le nom de Gaulois revient à chaque instant sous la plume de l'historien ; sous celle de l'ethnologiste, il doit être exclu comme manquant de précision et ne servant à indiquer qu'un mélange ethnique complexe.

Grands, au visage et à la tête ovales, aux yeux bleus, au nez assez accentué, à la peau blanche, au teint rosé, à la barbe et aux moustaches blondes, celles-ci seules portées par les nobles et les chefs, aux cheveux blonds, portés tombants sur les épaules par les chefs également, à la démarche fière, au caractère belliqueux, tels étaient les Kymris.

Ils étaient dolichocéphales (crâne ovale) comme les Ibères, contrairement aux Celtes qui étaient brachycéphales (crâne rond) ; ils étaient leptoprosopes (visage ovale), comme les Ibères, contrairement aux Celtes qui étaient brachyprosopes (visage rond) ; ils étaient enfin leptorrhiniens (nez long), contrairement aux Ibères et aux Celtes qui étaient mésorrhiniens (nez court) ; ils étaient blonds, contrairement aux Ibères et aux Celtes qui étaient bruns ; ils avaient les yeux bleus, contrairement aux Ibères et aux Celtes qui avaient les yeux noirs ; ils étaient grands (1 mètre 70 et plus), contrairement aux Ibères et aux Celtes qui étaient de taille moyenne (1 mètre 65 environ) ; leur ossature différait de celle des Ibères, comme nous l'avons vu précédemment dans les anciennes sépultures, mais était analogue, sauf de plus grandes proportions, à celle des Celtes.

Les Kymris étaient plus élancés que les Celtes, leurs épaules étaient moins trapues, leur poitrine moins bombée, les dimensions du thorax prédominaient moins sur celles de l'abdomen que chez ces derniers.

Au point de vue physiologique, leur développement est plus tardif, c'est-à-dire qu'ils sont moins précoces que les Celtes et surtout que les Ibères. Chez eux, la jeune fille n'est pas nubile avant 14 ans, tandis qu'elle l'est à 11 ans chez les Celtes et les Ibères. Chez eux, la femme a les seins pyriformes ou coniques, tandis que ces organes sont globuleux chez les femmes celtes.

Telle était la troisième strate ethnique connue sur notre sol. Tels étaient les troisièmes envahisseurs de notre territoire qui venaient le conquérir aux Celtes, comme ceux-ci l'avaient conquis aux Ibères, comme les Romains plus tard le conquerront aux Gaulois réunis, comme les Goths, les Francs et les Burgondes le conquerront enfin aux Romains, comme si, de tout temps de l'histoire, notre sol eût été envié par les peuples les plus éloignés de l'Orient, aussi bien que par nos plus proches voisins.

Les Kymris étaient encore plus belliqueux que les Celtes et le prouvèrent par leurs invasions ultérieures ; lorsque leur population eut grossi, elle déborda à son tour comme nous allons le voir.

Au iv° siècle avant Jésus-Christ, ils envahirent en masse l'Italie sous le nom de Belges, Bolg ou Boiès et, sous la conduite du Brenn, connu dans l'histoire, ils s'emparèrent du royaume d'Ombrie sur les Celtes de Bellovèse, fondirent sur Rome, battirent l'armée romaine au passage de l'Allia et la poursuivirent jusqu'au Capitole dont ils faillirent s'emparer.

Vers le iv° siècle avant Jésus-Christ également, un arrière-ban de Kymris Belges, venus du Volga et connus sous le nom de Volskes, traversa l'Europe, pénétra dans la Gaule Belgique, puis dans la Gaule Celtique et arriva dans la Gaule Ibérique, dont la capitale était Toulouse, où ils régnèrent près d'un siècle.

Vers le iii° siècle avant Jésus-Christ, leur expansion, jointe à leur humeur aventureuse, leur fit quitter ce pays, ils remontèrent vers le Rhin, traversèrent la vallée du Danube, vinrent retrouver dans les Balkans les Celtes de Sigovèse et, de là, se rendirent en Macédoine, Thrace et Épire où, par leur fierté bien connue dans l'histoire, ils étonnèrent Alexandre lui-même, dont ils vainquirent la phalange macédonienne avec laquelle il avait vaincu lui-même la Grèce et l'Asie.

279 ans avant Jésus-Christ, ces Kymris, sous la conduite de leur Brenn, connu sous le nom de Bolg ou Belg,

après la conquête de la Macédoine, rêvèrent celle de la Grèce ; déjà ils avaient pris d'assaut le rocher de Delphes et allaient piller les richesses du temple d'Apollon quand ils furent repoussés.

Leur armée défaite se scinda ; une partie alla peupler les Balkans ; l'autre, la Thrace ; la troisième, sous le nom de Galates, alla peupler le centre de l'Asie Mineure qui prit le nom de Galatie.

Enfin, en 113 avant Jésus-Christ, une grande invasion kymrique, connue dans l'histoire sous le nom de Cimbres, descendit de la Chersonèse Cimbrique ou Danemark, fuyant les inondations de la mer Baltique, descendit dans la vallée du Danube, de là remonta dans la Gaule Belgique, traversa la Gaule Celtique et vint se ruer en trois batailles sur l'armée romaine qui fut vaincue près du Rhône ; de là, ils se rendirent en Espagne qu'ils ravagèrent, puis revinrent en Gaule et projetaient l'envahissement de l'Italie ; mais ils furent défaits à Aix par Marius.

Ici se termine leurs invasions et migrations ; ils avaient essaimé dans l'Europe entière.

Je crois vous avoir suffisamment démontré, Messieurs, la triple origine de nos ancêtres, les Gaulois.

Vous pourrez vous en rendre encore un compte plus exact en suivant, sur la carte que je vous présente, les tracés coloriés qui montrent l'origine asiatique de ces trois races, leurs migrations à travers l'Europe, leur invasion en Gaule et, plus tard, leur rayonnement de ce centre dans les différentes contrées de l'Europe et même de l'Asie d'où ils étaient venus.

M. Georges Guéry :

Importance démographique de la population agricole

MESSIEURS,

Depuis le milieu de ce siècle, les sciences économiques, autrefois un peu négligées, ont fait les plus rapides et les plus intéressants progrès. Leur domaine est le plus vaste, le plus étendu qui puisse être, puisqu'on mêle l'économie à tout, qu'on développe sans cesse son champ d'application jadis si limité, et qu'on forge presque chaque jour une nouvelle branche économique. Économie rurale, politique, sociale, industrielle, commerciale, financière ; on ne voit plus que l'économie partout — sauf peut-être au budget.

Or, ces dernières années, une autre ramification de l'économie politique s'est développée de surprenante façon : c'est la démographie.

Déjà, Malthus avait bien soulevé la question ; mais elle sommeillait encore, quand tout à coup, vers 1890, la question de la population vient à l'ordre du jour. Dans tous les journaux, dans toutes les revues, dans toutes les sociétés savantes, on agite la question démographique ; il se produit dans le monde économique comme une orientation irrésistible vers la démographie.

D'où venait cet engouement ? Pourquoi cette simultanéité de mouvement vers un ordre d'études presque délaissé jusqu'à ce jour ? Quelque phénomène nouveau, quelque découverte inattendue en avait évidemment dû être le point de départ.

En effet, la question était devenue du plus brûlant intérêt.

Une personne austère, implacable, madame la statistique, venait de pousser un cri d'alarme, et la cause en était si grave que sa voix trouva immédiatement de l'écho partout.

On avait observé depuis le commencement du siècle que la population française voyait le chiffre de son accroissement annuel devenir de moins en moins élevé. L'excédent des naissances sur les décès devenait de moins en moins important et le nombre de nouveaux citoyens que notre patrie avait tous les ans à enregistrer baissait, baissait, baissait sans cesse...

Dans la période de 1821 à 1826, l'accroissement national moyen avait été de 279.000 citoyens.

Au milieu du siècle, cette moyenne de 279.000 tombe à 149.000, presque moitié moins :

En 1881.	108.000
En 1882.	97.000
En 1883.	96.000
En 1884.	78.000
En 1885.	87.000
En 1886.	52.000
En 1887.	56.000
En 1888.	44.000

Cette marche, irrégulière sans doute, mais d'un mouvement général toujours décroissant, avait ému les esprits, quand, en 1890, l'éclat sinistre d'un coup de tocsin retentit.

Jusqu'à cette époque, bien que son accroissement annuel eût diminué de plus en plus, la nation française avait pourtant donné chaque année un excédent de naissances sur les décès dont s'était accru son effectif national.

Mais, en 1890, il n'y eut pas d'excédent de natalité !

Si seulement le nombre des naissances avait égalé celui des décès, la population ne se serait pas augmentée, sans doute, mais du moins n'aurait-elle pas diminué ; elle aurait maintenu son niveau précédent. Cette triste consolation nous fut même refusée et, en 1890, non seulement la France ne vit pas se maintenir son ancien niveau démographique, mais elle le vit encore s'abaisser dans des proportions effrayantes.

Effrayantes, oui Messieurs, et vous allez voir pourquoi.

En 1890, il y eut un excédent de décès ; le chiffre de la population totale baissa de 38.446 nationaux. En 1891, il ne se relève pas ; il baisse encore de 10.505 unités.

En 1892, il baisse encore de 20.041 citoyens ; en ces trois années donc, l'effectif de la nation française avait baissé de 68.992 nationaux ; ce résultat est pire que celui de dix batailles ! Vous comprenez maintenant, Messieurs, pourquoi la statistique avait poussé un cri d'alarme ; vous comprenez l'empressement des économistes pour les études démographiques. Il fallait, en effet, arrêter, et au plus vite, cette décroissance vitale de la nation ; il fallait en dégager et en préciser les causes ; il fallait en chercher et en trouver les remèdes (s'il en était d'efficaces).

Oh ! je n'ignore pas que de quelques esprits sceptiques — plutôt par pose et par dilettantisme que par conviction — je n'ignore pas, dis-je, que de certains vinrent des rires ironiques, des plaisanteries faciles, des railleries même pour ces faibles d'esprit qui voulaient démontrer aux familles l'utilité d'une postérité nombreuse, qui voulaient apprendre aux autres à être prolifiques, qui s'effrayaient d'un symptôme tout naturel chez un peuple civilisé. Qu'importe le plus ou moins de Français, disait-on ; moins nous serons, plus la part de chacun sera belle. Or, pendant que la France voyait tous les ans diminuer son effectif national, l'étranger augmentait le sien sans cesse.

De 1890 à 1893, pendant ces mêmes années où la France perdait 69.000 citoyens, l'Allemagne augmentait le nombre des siens de 1.846.198 nationaux (cela donne à réfléchir, n'est-ce pas ?) ; l'Angleterre, de 1.162.048 ; l'Italie, de 932.657, malgré son excessive mortalité.

Viendra-t-on dire encore que le péril est imaginaire, que l'accroissement énorme et continu de nos voisins d'outre-frontière ne constitue aucun danger, que nous nous mettons martel en tête pour combattre des moulins et faire évanouir des fumées ?... Voici un document qui lèvera les derniers doutes.

La revue allemande *Christlich sociale Blätter*, dans un article intitulé « La décroissance sociale de la France » disait, en 1892 : « La population française n'augmente « plus et pourtant les sentiments patriotiques y sont très « développés... On préfère placer ses économies à inté- « rêt plutôt que de les employer à élever des enfants ; « en Allemagne, la population augmente et les capitaux « diminuent... Conclusion : *Quand, en France, il y* « *aura de moins en moins d'habitants pour défendre* « *leur plus en plus de richesses, un voisin pauvre, mais* « *nombreux, prendra tout !* »

Avec une allusion de cette transparence, il faudrait une forte dose d'optimisme pour dénier encore le danger. Et pourtant, en tant que Français parlant à des Français, j'ai le devoir d'ajouter que l'auteur allemand s'abuse fort quand il écrit qu'un voisin nombreux prendra tout. Dans les cas désespérés, il ne faut pas seulement compter avec le nombre, et nous saurions montrer alors, Messieurs, qu'il faut aussi faire entrer en ligne de compte la valeur, la bravoure et l'énergie résolue de citoyens qui défendent leurs foyers menacés.

Et la population agricole, me direz-vous? Quoi qu'il en puisse paraître, je ne l'ai pas perdue de vue ; veuillez simplement vous rappeler notre titre : *Importance démographique* de la population agricole. Pour montrer plus clairement l'importance démographique de la population agricole, il était indispensable d'exposer d'abord au Congrès l'importance de la démographie elle-même, de mettre en relief l'intérêt puissant, l'intérêt capital de la question démographique, puisqu'il s'agit de l'existence d'une nation, existence momentanément menacée et qui traverse une crise des plus redoutables.

La méthode employée pour rechercher les causes et pallier aux funestes effets de la dépopulation fut, à mon avis, défectueuse. Les démographes eurent et ont encore en général le grave tort d'étudier la population française comme si elle formait un tout homogène ; ils l'ont étudiée en bloc, dans son ensemble, et en cela il y a eu faute. Car rien n'est moins homogène que la population ; est-ce que, par exemple, les coutumes de l'aristocratie peuvent être assimilées au *modus vivendi* du peuple ; est-ce que la constitution de la famille dans les classes élevées est la même que dans les classes ouvrières ; est-ce que les mœurs de la population urbaine ne sont pas profondément différentes de celles de la population des champs ?

Si, évidemment si ; et alors, au lieu d'une étude d'ensemble, c'est une étude de détail qui s'impose ; il faut prendre séparément chacun des éléments nettement distincts de la population française ; voir si dans chaque élément la décroissance démogénique s'est produite ; si chaque catégorie a vu son effectif diminuer de la même façon, dans une proportion identique ; si cette décrois-

sance a des causes communes et des causes particulières
à chaque classe ; et alors quelles mesures d'ensemble
semblent utiles ou quels remèdes particuliers.

Cette méthode analytique m'a permis précisément de
dégager l'importance démographique de la population
agricole.

En étudiant séparément la population des villes et la
population des campagnes, on aboutit d'abord à ce premier
résultat : qu'au point de vue de l'augmentation de la race,
la population urbaine n'a qu'un effet négligeable, sinon
négatif.

En 1882, dans les villes, les naissances l'emportaient à
peine sur les décès. A l'heure actuelle, dans la majorité
des villes, les décès l'emportent sur les naissances, et notre
ville d'Angers, Messieurs, a le malheur d'être des mieux
placées dans ce triste cas. Si l'effectif urbain se maintient
ou même augmente faiblement son ancien niveau, c'est
surtout à cause de l'immigration incessante des campa-
gnards et de l'étranger. Si les villes en étaient réduites à
leur seule natalité pour maintenir leur nombre de citadins,
on peut être certain qu'elles ne s'accroîtraient jamais.

Qu'est-ce qui fournit donc alors l'appoint bien faible
hélas ! qui, jusqu'en 1890, venait s'ajouter chaque année
au total de notre effectif ? EXCLUSIVEMENT, LA POPULATION
AGRICOLE.

Oui, Messieurs, seule à l'heure actuelle, la population
agricole est féconde ; seule, elle est encore utilement pro-
lifique ; c'est donc sur elle surtout que doivent porter les
travaux et les études démographiques, ainsi que la sollicitude de nos gouvernants.

Je ne suis pas fâché, à cause de mon âge et, par suite,
de mon peu d'expérience, d'étayer mon opinion de l'autorité incontestée d'un démographe bien connu, M. Richet,

qui écrivit en 1882 sur le même sujet, dans la *Revue des Deux-Mondes*, une série d'articles dont voici le résumé : « Depuis le commencement du siècle, en soixante-quinze ans, la population des huit ou dix plus grandes villes de France a triplé... Or, dans les grandes villes, les naissances l'emportent peu sur les décès ; ce qui grossit leurs rangs c'est la population rurale..., seule elle est encore féconde. La population rurale, voilà le fonds de la nation française ; c'est donc la classe dont la natalité importe le plus. » Et, en 1891, neuf ans plus tard, M. Richet écrivait encore, dans la *Réforme sociale*, que « la population urbaine est stationnaire *et que c'est aux campagnes qu'est dû exclusivement notre faible excédent actuel des naissances sur les décès.* »

On conçoit facilement, dans ces conditions, l'importance démographique de la population agricole.

Or, à son tour, cette partie essentielle de notre effectif national est fâcheusement atteinte ; elle diminue plus rapidement qu'autrefois et, ce qui est grave, elle diminue non plus par suite d'un déplacement des agriculteurs vers la ville, mais par suite d'une raréfaction des naissances et d'une excessive mortalité.

La dépopulation des campagnes tient, en effet, à ces trois causes dont le développement demanderait à lui seul l'étendue d'une longue conférence.

Elle vient :

1° De ce que les paysans, délaissant la terre, émigrent vers la ville, ce qui a de mauvais, mais ce qui a aussi de bons côtés.

2° De la raréfaction des naissances, autrement dit de la restriction volontaire de la natalité. Ce point-là, Messieurs, constitue le plus fâcheux, le plus triste et le plus alarmant symptôme de décroissance physique et de décadence morale qu'on puisse trouver et déplorer chez une grande nation ;

3° Enfin, l'effectif agricole diminue parce qu'à la campagne il règne au xix° siècle, comme au moyen âge, une excessive mortalité. Sur ce terrain, nous sommes dépassés par tous les peuples voisins, nous n'avons fait presque aucun progrès. Ce sujet devrait à lui seul être traité à part, mais, comme je m'aperçois que je touche au terme du temps fixé pour chacun de nous, je me borne à dire que si l'on voulait simplement obliger à la vaccination des enfants et à la revaccination des adultes, nous verrions disparaître la variole qui nous enlève chaque année 14.000 hommes, alors qu'en Allemagne, où cette mesure est obligatoire, elle a presque complètement disparu.

Ma communication, Messieurs, ne provoque, je le sens, ni la quiétude, ni même la gaîté. Pourtant, je ne veux pas vous laisser sur une pensée aussi pleine d'amertume et de tristesse ; je me reprocherais rigoureusement de n'avoir fait pendant une demi-heure que vous dévoiler des horizons lointains, sans doute, mais sombres et orageux. Il vaut mieux, n'est-ce pas, même dans le malheur, surtout dans le malheur, se séparer sur une idée reposante, consolante, qui permet d'espérer un avenir plus tranquille, d'attendre avec plus de calme et plus de confiance les rigueurs éventuelles de notre destin.

Par suite, je veux le croire, des mesures prises en 1893, par suite des travaux des démographes, l'effroyable marche décroissante dans laquelle était entraînée notre chère nation a été énergiquement arrêtée ; nous avons à enregistrer pour l'année écoulée non plus un manquement, non plus un stationnement, mais un petit excédent d'environ 8.000. Puisse ce petit commencement être l'heureux prélude d'un retour vers les jours prospères et souhaitons à notre patrie un nombre toujours croissant de citoyens pour la défendre, pour l'aimer et pour la maintenir au premier rang des nations civilisées.

M. le Dr Motais, chargé du cours de clinique ophtalmologique à l'École de Médecine, inspecteur oculiste des écoles du département de Maine-et-Loire :

Quelques observations sur l'hygiène scolaire en Anjou

Hygiène de la vue. — La question de l'hygiène de la vue dans les écoles et dans les collèges a été souvent traitée. J'ai présenté moi-même sur ce sujet, à l'Académie de Médecine, un mémoire basé sur l'observation attentive de plus de 5.000 élèves. Je ne présenterai aujourd'hui qu'un court exposé sur quelques points intéressant particulièrement l'Anjou.

Au point de vue de la réfraction, j'ai noté constamment dans les écoles de la campagne une proportion moyenne de 75 o/o d'élèves hypermétropes, contre 40 à 45 o/o dans les écoles des villes.

Or, nous savons que l'œil primitif, l'œil du sauvage, du marin, du paysan, est hypermétrope, c'est-à-dire organisé principalement pour voir au loin. Lorsque cet œil est appliqué pendant la jeunesse et encore pendant toute la vie à des travaux rapprochés (lecture, écriture, couture, certains travaux manuels, etc.), il subit déjà un léger allongement d'avant en arrière, il devient l'œil qu'on appelle à tort œil normal ou emmétrope. C'est un œil civilisé, organisé à la fois pour voir au loin et auprès, plus commode assurément pour les occupations que la civilisation nous crée ; il n'en est pas moins vrai qu'il y a là un commencement de dégénérescence. L'œil appelé normal ne l'est pas ; en réalité, c'est un candidat à la myopie. Les parents qui, par la fatigue de leurs yeux, sont devenus emmétropes, transmettent à leurs enfants des yeux emmétropes, avec une tendance un peu plus accentuée à l'allongement antéro-postérieur. Si les mêmes causes de fatigue persistent, l'œil s'allonge de plus en plus, il prend la forme ovale et devient myope.

Il est impossible de trouver une démonstration de cette théorie plus nette, plus précise que dans l'observation suivie et comparée des élèves de nos campagnes et de nos villes.

Dans les campagnes, les parents vivent dans les champs, leur instruction a même été jusqu'ici assez négligée. Ils transmettent à leurs enfants 75 o/o d'yeux véritablement normaux.

Dans les villes, les parents sont ordinairement soumis à des travaux rapprochés dans des locaux assez étroits, n'ayant plus devant eux les larges horizons. Ils transmettent à leurs enfants 40 à 45 o/o seulement d'yeux normaux.

Chose remarquable, dans les campagnes même, les enfants emmétropes ou myopes sont en majorité *fils* de couturières. Je dis bien fils, et non filles. Ici encore[1], j'ai observé que, dans 85 o/o des cas, au moins, la mère transmet ses défauts ou qualités oculaires à son fils et le père à sa fille. Aussi, une statistique présentée telle que

---

[1] *De l'hérédité de la myopie,* mémoire présenté à l'Académie de Médecine.

je viens de le faire n'est exacte que dans son ensemble :
j'ai trouvé à la campagne 67 o/o de garçons hypermétropes et 83 o/o de filles hypermétropes ou douées d'yeux
normaux.

Taille des élèves. — Dans le cours de mes inspections
scolaires, j'ai toujours été frappé du fait suivant. Le mobilier des écoles neuves est généralement construit d'après
les types et les mesures prescrites par le règlement minis-
tériel. Ces mesures, établies par la Commission supérieure d'hygiène de la vue, sont évidemment exactes pour
Paris. Or, dans les écoles de Maine-et-Loire, tous ces
types sont trop élevés de 2 centimètres au moins. Je n'ai
pu encore déterminer la cause de cette différence. La taille
totale de nos jeunes gens ne me semble pas inférieure à la
taille des Parisiens. Serait-ce une hauteur proportionnelle
plus grande des membres inférieurs au détriment de la
hauteur du tronc? Cela me paraît possible et même probable. Dans tous les cas, en pratique, je suis obligé de
donner le conseil d'abaisser de 2 à 3 centimètres la
hauteur réglementaire des types de tables.

Conjonctivite catarrhale. — Cette maladie sévit épidé-
miquement dans nos écoles, principalement au printemps
et à l'automne. Dans ma statistique des maladies des
yeux en Anjou, présentée hier à la section médicale, j'en
ai relevé la très grande fréquence en Anjou et j'ai fait
remarquer que, dans presque tous les cas de conjonctivites
catarrhales des adultes, j'avais pu remonter jusqu'à la
contagion scolaire. La conjonctivite catarrhale est apportée dans les familles par des enfants qui l'ont prise à
l'école. Nous avons à prendre des mesures sérieuses pour

arrêter ces épidémies périodiques, qui sont loin d'être en décroissance comme nombre et gravité.

Je terminerai ces courtes observations en félicitant le Parlement d'avoir soumis à l'approbation du Conseil d'hygiène la construction et l'aménagement des locaux scolaires. C'est une des rares lois qui permettent à l'hygiéniste de défendre la vue et la santé des enfants contre la routine et les préjugés de toute sorte.

Résumé de la Communication verbale de M. Houbigant, de Chalonnes-sur-Loire, sur les propriétés du fluide universel :

On sait que les propriétés électriques et magnétiques sont attribuées actuellement non à la matière pondérable, condensée, mais à un fluide existant aussi bien dans le vide que dans les espaces intermoléculaires et désigné sous le nom d'éther.

L'auteur passe en revue les diverses démonstrations qui mettent ce premier principe hors de doute. Mais ce fluide pourrait bien avoir des attaches originelles très étroites avec la matière pondérable. Beaucoup de savants pensent que cette dernière ne serait pas autre chose que de l'éther condensé. Les raisons qui militent en faveur de cette hypothèse sont également passées en revue.

Conclusion : la Nature entière est formée d'un même substratum primitif.

M. Cointreau :

La rectification des alcools parfumés

Messieurs,

Lorsque M. le Président de la Société Industrielle m'avait, avant l'ouverture de l'Exposition, demandé, à moi comme à d'autres, si j'avais quelque communication intéressante à faire sur la science appliquée à l'industrie, j'avais répondu que j'avais en effet certains appareils perfectionnés pour la rectification des alcools parfumés et que je me tenais tout à la disposition de M. le Président pour en démontrer la supériorité.

Toutefois je pensais que cette démonstration se ferait dans mon laboratoire et devant les appareils eux-mêmes en plein fonctionnement. J'ai reçu, il y a deux jours seulement, l'avis que cette communication prenait les proportions d'une véritable conférence en public, et, arrivé de voyage, je n'ai eu que peu de temps pour m'y préparer. Aussi je réclame toute l'indulgence de l'assemblée.

Je pensais que, dans ces questions, il était intéressant de parler un peu de l'alcool dont nos législateurs s'occupent en ce moment à la Chambre, et je dois faire connaître à l'assemblée qu'ayant eu l'occasion, il y a quelques jours seulement, d'assister à une séance au Palais-Bourbon, j'y ai entendu discuter de la réforme de l'impôt sur les boissons, et j'en ai rapporté cette impression, pour moi pénible, que nos législateurs marchent au monopole et que ce sera là peut-être la solution, sinon cette année, du moins à bref délai.

On s'explique à la rigueur que l'État veuille accaparer le monopole de la fabrication et de la rectification de l'alcool d'industrie, lorsque, peut-être, il y en a encore quelques-uns qui ne sont pas absolument inoffensifs, et lorsque aussi l'État, ayant déjà sous la main toutes les grandes usines du Nord, n'a qu'à préposer dans chaque usine un ou plusieurs chimistes qui ne laisseront partir cet alcool que lorsqu'il aura été déclaré pur et inoffensif.

On ne s'explique pas ce monopole en ce qui concerne les alcools de vin. En effet l'État ne pourra pas acheter tous les alcools de vin qui se fabriqueront en France, et il ne pourra pas non plus préposer des chimistes chez tous les bouilleurs de cru.

Or, il arrive que certains bouilleurs ne donnent, peut-être, pas tous les soins nécessaires à la fabrication de leurs alcools de vin et que, laissant passer dans leurs appareils tête, queue et bon produit, ils livrent à la consommation et consomment eux-mêmes des produits qui ne sont pas absolument inoffensifs, qui sont en tous cas très chargés d'huiles essentielles difficiles à analyser.

En outre, certains pays de notre France, comme les Charentes, produisent avec leurs vins des eaux-de-vie merveilleuses qui font la richesse de ces pays. On conçoit difficilement le monopole de la fabrication de ces eaux-de-vie entre les mains de l'État et très difficilement aussi le classement de ces eaux-de-vie suivant leur valeur et suivant leur antique réputation.

Laissant de côté ces indications générales, qui pourraient être accompagnées de bien d'autres, je vous parlerai, Messieurs, de l'alcool au point de vue du distillateur, et m'efforcerai de vous démontrer que, loin d'être l'empoisonneur que l'on dit trop facilement être, le distillateur fabricant de liqueurs, au contraire, s'ingénie à ne livrer à la consommation que les produits les plus purs possibles, et que, pour y arriver, il cherche et trouve souvent les appareils perfectionnés qui lui permettent de compléter ce que son expérience lui donne, soit par la dégustation, soit par la connaissance générale des produits de son industrie.

Le liquoriste, qui a souci de sa réputation, sait choisir parmi les usiniers du Nord celui qui lui donne un alcool de grains possédant une *neutralité* complète, laquelle neutralité est pour lui la meilleure garantie de pureté. On entend par *neutralité*, en matière d'alcools, le caractère de ceux qui n'ont ni saveur ni odeur.

En possession de ces alcools, le distillateur s'en sert pour mettre à macérer soit des oranges, soit des plantes de toutes sortes, qu'il distille ensuite pour en extraire tous les parfums, c'est-à-dire pour obtenir des esprits parfumés possédant toute la finesse des parfums que contient la plante, et son souci est alors de laisser dans ce qu'on appelle les tête et queue toutes les huiles essentielles qui communiquent à la liqueur saveur âcre et odeur étrangère ou désagréable.

Autrefois le liquoriste se contentait, pour fabriquer ces liqueurs, d'avoir un alambic ordinaire, c'est-à-dire, la cucurbite dans laquelle on introduisait les plantes, le simple col de cygne qui reliait le chapiteau au réfrigérant, et le réfrigérant ou serpentin en étain noyé dans un réservoir d'eau constamment rafraîchie, pour recueillir ensuite le bon produit à l'extrémité basse dudit serpentin.

Il résultait de cette opération que, si le liquoriste n'était pas absolument expérimenté ou seulement s'il était distrait, il laissait passer la tête de sa distillation et n'arrêtait pas suffisamment à temps la marche de son alambic pour faire passer la queue au mauvais produit.

Cette sélection était d'autant plus difficile que les appareils étaient directement sur le feu, et que le liquoriste, très attentionné à la conduite de son feu, laissait passer, malgré lui, le moment exact où il aurait dû cesser de recueillir le bon produit.

Depuis, la distillation à la vapeur est venue modifier cet état de choses et le liquoriste n'a plus à se préoccuper de diriger son feu. Il n'a que la seule précaution à prendre de tourner un robinet de vapeur et de le refermer à temps, sans aucune fatigue et sans aucun aléa ; mais, même dans ces conditions, les premiers appareils laissaient à désirer ; il fallait les améliorer.

Je vous présente aujourd'hui, Messieurs, un petit modèle d'alambic dont vous voyez ci-dessous le dessin.

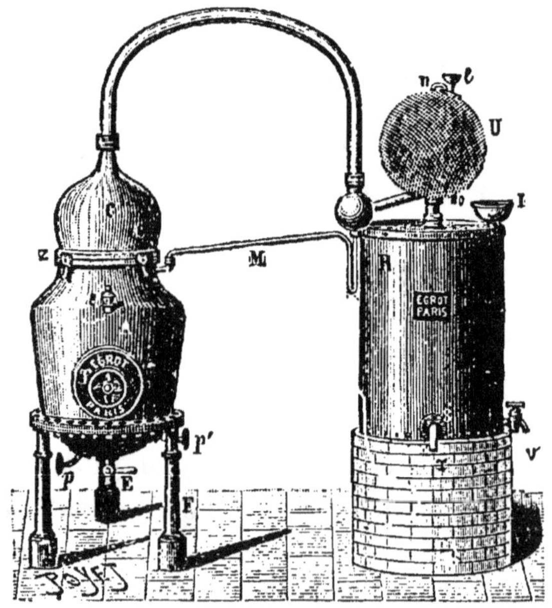

Alambic à vapeur avec RECTIFICATEUR EGROT

Vous y verrez que, lorsque les vapeurs sont enlevées de la cucurbite A pour monter dans le chapiteau C et prendre le col de cygne, elles arrivent dans une première petite boule à l'extrémité du col de cygne, et que là, les vapeurs alcooliques qui sont trop lourdes, c'est-à-dire, trop chargées d'huiles essentielles pour monter dans la grande boule U, reviennent dans l'alambic lui-même par le tuyau M. Les autres vapeurs, celles qui sont assez légères pour monter jusque dans la boule U, rencontrent une eau constamment courante par l'effet de laquelle elles se condensent pour retomber dans le serpentin habituel, et coulent définitivement par le tuyau S au bas du serpentin.

Mais, dans cette boule, s'établit une sélection nouvelle. Les alcools parfumés, qui sont chargés encore d'huiles essentielles, se condensent les premiers et font retour également dans l'alambic, en redescendant dans la première petite boule où ils se mélangent avec les premières vapeurs qui retournent dans l'alambic par le tuyau M.

Une fois retournées dans l'alambic, qui est constamment en ébullition, elles distillent à nouveau, s'épurant peu à peu au point que les résidus de la distillation, quand elle est terminée, qui restent dans l'alambic, comprennent en grande partie les huiles essentielles qui passaient autrefois dans l'esprit parfumé lui-même. Ces résidus présentent une sensation âcre à l'odorat, un aspect oléagineux et, bien que le liquoriste ne se livre pas à l'analyse de ces résidus, il est en droit de conclure qu'il a séparé du bon produit toutes les parties lourdes, nuisibles à la bonne qualité de la liqueur et nuisibles aussi à la santé.

Vous voyez le dessin exact du petit alambic de démonstration que j'ai eu l'honneur de présenter devant l'assemblée, et ci-après aussi la coupe du rectificateur sphérique dont j'ai essayé de vous faire la démonstration.

Au point de vue de la sécurité de ses ouvriers, le liquoriste s'est préoccupé de supprimer chez lui toute cause de danger. Instruit par l'expérience des trop fréquents acci-

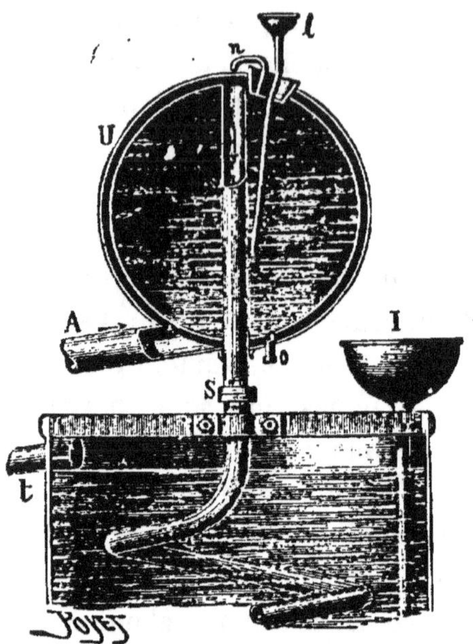

Vue en coupe du rectificateur sphérique système Egrot

dents et aussi de celui arrivé tout dernièrement chez un de nos compatriotes de Saumur, il a été heureux de trouver chez le grand fabricant d'appareils pour distillateurs qui habite Paris et qu'on appelle M. Égrot, ingénieur distingué, chevalier de la Légion d'Honneur, non seulement le rectificateur sphérique qui porte son nom, mais encore un appareil de sûreté provoquant dans l'alambic, dans lequel une pression trop grande pour le dégagement se serait produit, la fermeture automatique de la conduite d'arrivée de vapeur.

DESCRIPTION DE L'APPAREIL. — L'alambic porte un *manomètre à eau,* qui remplit deux buts :

1º Celui d'indiquer constamment au distillateur, sur un tube en verre, la pression dans l'alambic, ce qui lui permet de régler en conséquence le chauffage.

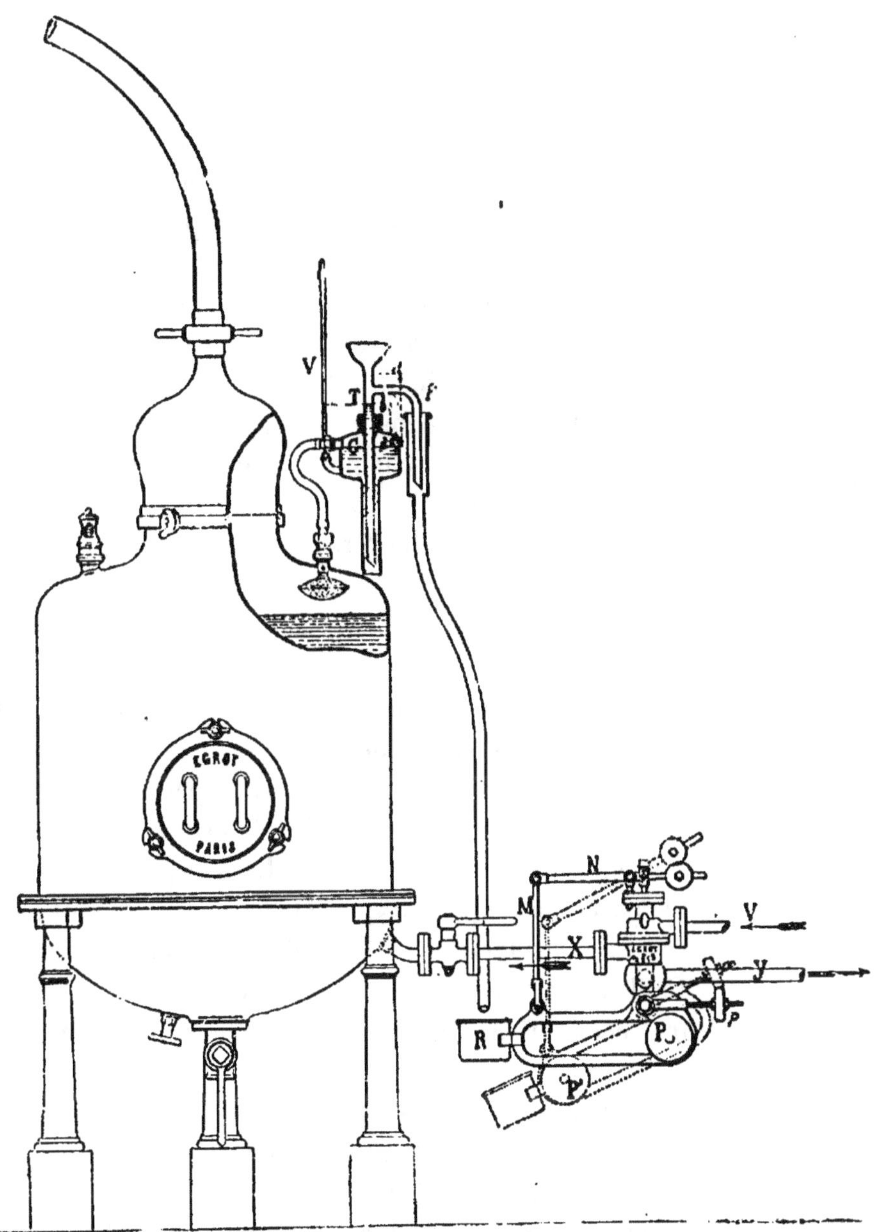

Valvomanomètre système EGROT

C'est un guide plus pratique, plus exact, que la vue d'un jet liquide coulant à l'éprouvette, sur l'importance duquel on peut faire d'assez grossières erreurs.

Le manomètre, par lui-même, constitue donc un organe très utile pour conduire régulièrement une distillation.

2° Le deuxième but est, comme il a été dit plus haut, de mettre en action une force auxiliaire puissante, venant arrêter le chauffage dès que la pression dépasse telle limite que l'on juge à propos de lui assigner.

A cet effet, en dehors du tube en verre V indiquant constamment la pression, un tube T glisse dans le presse-étoupe de la cuve manométrique *c*.

Si la pression de marche normale qui convient à l'appareil de distillation est *ab,* par exemple, on place le tube T de manière que l'extrémité recourbée dépasse la limite *b* de quelques centimètres.

Dès que la pression à l'intérieur de l'alambic est supérieure en valeur à la colonne d'eau *ab,* et devient, par exemple, égale à *ad,* l'eau de la cuve s'écoule par le tube *f,* tant que cette pression croît.

Le liquide qui s'écoule ainsi se rend par un entonnoir et un tuyau à *l'appareil de déclanchement.*

Cet appareil se compose d'une balance, dont le fléau évidé permet à un poids P de se déplacer en roulant dans la coulisse ainsi formée, les joues du fléau servant de guide.

Ce fléau porte à une extrémité un petit récipient R, dans lequel peut arriver l'eau déversée par le manomètre placé sur l'alambic.

Le rouleau moteur P étant en place, on achève d'équilibrer le fléau à l'aide d'un contre-poids *p*.

On conçoit que cette balance puisse être équilibrée assez exactement, pour que la moindre surcharge additionnelle du côté du récipient R la fasse trébucher.

Au bout du fléau, du côté du récipient, est articulée une tige M qui, par l'intermédiaire du levier N, agit sur la *soupape équilibrée* O. Cette soupape est placée sur la conduite amenant la vapeur à l'alambic, et, lorsqu'elle est mise en mouvement, non seulement elle ferme complètement la conduite d'arrivée de vapeur, côté V, mais encore elle met en communication le côté X avec l'atmosphère, par la tubulure Y.

Dès que le fléau commence son mouvement, sous l'influence du liquide qui est venu tomber du manomètre dans le récipient R, il s'incline, et le poids moteur P entraînant la tige M et ouvrant la soupape O, le fléau continue son mouvement pour venir prendre la position pointillée. *A ce moment, la conduite de vapeur est fermée du côté du générateur, et ouverte à l'atmosphère du côté des appareils.*

Non seulement on n'admet plus de nouvelle vapeur de chauffage dans le double-fond de l'alambic, mais, du même coup, on décharge ce dernier de toute la vapeur qu'il pouvait contenir.

Il en résulte que *la pression dans l'alambic tombe instantanément.*

Le *Valvomanomètre Egrot* prévient donc d'une manière absolue les effets d'excès de pression dans les appareils distillatoires, en supprimant la cause immédiate de cette pression. Cet appareil est d'un fonctionnement certain : il suffit de quelques centimètres d'eau pour le faire fonctionner, même si l'on agit sur un très gros alambic, et par conséquent sur une canalisation de vapeur très importante.

Un seul *Valvomanomètre* placé sur la conduite générale amenant la vapeur, suffit pour desservir plusieurs alambics qui comporteraient seulement chacun le manomètre à eau.

Cet appareil peut rendre les plus grands services dans l'industrie des liqueurs, et sa marche fort simple, son installation fort peu coûteuse, permettent de l'employer avec succès.

Du rectificateur sphérique Égrot le liquoriste ne retire pas seulement l'avantage d'avoir un esprit parfumé plus pur et moins chargé d'huiles essentielles ; il obtient encore un rendement plus grand ; si, par exemple, vous mettez dans un alambic d'une capacité de 1.000 litres un mélange d'eau, d'alcool à 95 et de plantes faisant un total de 700 litres à 45 degrés, soit 315 litres alcool à 100 degrés, vous retiriez autrefois :

Bon produit :

350 litres   à 82 degrés, soit 292   d'alcool pur.
 70 litres de flegmes à 22°,   soit 15.40 d'alcool pur.
                                    ————————
                            Soit 307.40 d'alcool pur.

Soit une perte de 8 litres d'alcool pur sur toute l'opération.

Avec le rectificateur Égrot, vous obtenez pour un alambic chargé dans les mêmes conditions :

Bon produit :

363 litres à 85 degrés par 208.55 alcool pur.
 36 litres de flegmes seulement à 12° par 3.97 alcool pur.

Soit un total de 312 litres d'alcool pur ou une perte de 3 litres seulement sur toute l'opération.

Ce qu'il faut remarquer, c'est non seulement le rendement supérieur en degrés et en quantité, mais aussi c'est qu'il ne reste plus que 36 litres de flegmes à 12 degrés, au lieu de 70 litres à 22 ; et, faisant passer sous les yeux des personnes présentes le bon produit d'une distillation obtenue avec le rectificateur sphérique Égrot et les flegmes obtenus par le même procédé, j'appelle l'attention des personnes compétentes de l'auditoire sur ce fait précis que le bon produit est extrêmement fin de goût et d'odeur et que les flegmes, au contraire, sont absolument infectes.

Ces résultats, Messieurs, sont appréciables, et, pour mon compte, le liquoriste ne mérite pas de reproches ; car je crois avoir démontré qu'il est soucieux de donner aux consommateurs un bon produit exempt de matières nuisibles à la santé, autant que cela est en son pouvoir. Il est vrai que tous les liquoristes n'ont pas le même matériel.

Puisque la parole m'est donnée devant un auditoire choisi, je prends la liberté de lui demander, non pas de faire passer sous ses yeux (car je ne l'ai pas en ma possession), mais de lui démontrer au tableau un petit appareil tout neuf et absolument original, ayant pour but de déterminer la richesse alcoolique d'un liquide quelconque.

J'ai fait moi-même dans mon laboratoire deux ou trois heures d'expérience de l'appareil qu'on me présentait, et je suis arrivé presque du premier coup à déterminer la richesse alcoolique, presque exacte, d'une liqueur sucrée à 5oo grammes de sucre ; à plus forte raison je suis arrivé d'une façon exacte à déterminer la richesse alcoolique d'un vin ; c'est surtout pour mesurer ce genre de liquide que l'appareil a été cherché et trouvé et, sous ce rapport, je crois qu'il peut rendre aux propriétaires viticulteurs un très grand service. Ils pourraient, sans employer le petit alambic spécial, opération toujours longue et parfois inexacte, se rendre compte en cinq minutes du degré alcoolique du vin qu'ils ont fait ou acheté.

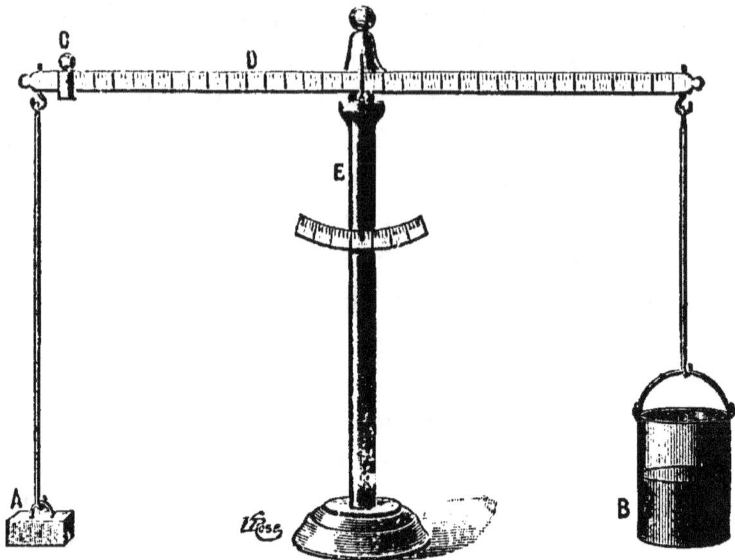

*Appareil ayant pour but de déterminer la richesse alcoolique
d'un liquide quelconque*

Voici la description de l'opération :

1° Introduire dans le seau B le liquide à distiller, dans
une proportion déterminée, à l'aide d'une pipette.

2° Faire dans le même seau le contrepoids exact du
poids A, avec une poudre spéciale, de manière que l'aiguille de précision soit bien au point O.

3° Sous l'influence de cette poudre, qui n'est autre
chose que de la chaux préparée spécialement, le liquide
entre en ébullition aussitôt, la chaux s'empare de l'eau,
et l'alcool s'évapore, et le sceau B, déchargé du poids de
cet alcool, remonte ; l'équilibre étant détruit, le poids A
descend, comme l'aiguille E l'indique.

4° Amener la glissière C le long de la réglette D, jusqu'à ce que l'équilibre soit rétabli.

5° Il ne reste plus qu'à lire sur la réglette le point
précis où s'est arrêtée la glissière ; si on y voit le chiffre 9,

cela indiquera qu'il y avait 9 degrés d'alcool dans le liquide évaporé, la réglette ayant ses divisions calculées de manière que chacune d'elles corresponde à un degré d'alcool.

M. Roberti affirme qu'il peut, à l'aide de cet appareil, déterminer encore :

1° L'extrait sec contenu dans le vin,

2° Le degré d'acidité qu'il possède.

Je n'ai pas vu faire devant moi ces deux dernières expériences, je ne puis donc rien certifier.

Quant à doser l'alcool, l'expérience est concluante. D'ailleurs sous peu je serai en possession de l'appareil. Je compte le mettre en exposition, 10, rue d'Alsace, au magasin des Grandes Marques, et je me tiendrai à la disposition des personnes qu'il pourra intéresser, à mon usine, quai Gambetta.

J'ai trouvé, Messieurs, qu'il était intéressant de vous présenter cette découverte, et je suis heureux que cette conférence m'ait fourni l'occasion de vous en donner la primeur.

M. A. Bouchard :

L'industrie de la chaux de terre dans l'arrondissement de Segré

Vous savez tous, Messieurs, l'usage que les agriculteurs font de la chaux. Employée à des doses massives sur des terres argileuses, elle les allège en détruisant leur plasticité. Employée à des doses légères et enfouie dans les couches superficielles du sol, elle active l'action des ferments nitrificateurs. De tous temps, pour les terres de l'époque primaire, la chaux a été d'une grande utilité. Et, si l'on parcourt les cahiers des Doléances des paroisses, rédigés à la veille des États généraux, on y voit les délégués des nombreuses communes de la rive gauche de la Loire se plaindre du mauvais état des routes et des chemins, qui empêche les fermiers « d'aller chercher la chaux si nécessaire à leurs terres ».

Bien avant la Révolution, des fours construits de façon rudimentaire, dans lesquels on cuisait le calcaire dévonien, s'élevaient sur l'une et l'autre rives de la Loire. D'autres se trouvaient plus avant dans les terres, soit sur les coteaux du Layon, soit sur les plateaux appartenant au terrain tertiaire marin.

Je ne saurais entreprendre de vous faire l'historique de l'industrie de la chaux en Anjou. Je veux seulement me borner à vous parler d'une industrie limitée à quatre communes de l'arrondissement de Segré, dans lesquelles on exploite des dépôts peu profonds du miocène supérieur, d'une façon toute spéciale. Les dépôts de calcaire du canton de Pouancé, et que l'on trouve dans les communes de Chazé-Henri, Saint-Michel-et-Chanveau, Noëllet et Noyant-la-Gravoyère, appartiennent au terrain tertiaire marin, miocène supérieur.

Ce calcaire se présente sous la forme de mollasse coquillière, disséminée par blocs isolés entre des couches de marne très légèrement argileuses, dans les communes précitées.

C'est en 1824 seulement que remonte l'exploitation industrielle de ces dépôts de terre de chaux, comme on dit dans le pays, riches en fossiles, et dont la puissance se tient entre trois et sept mètres.

La création des premiers fours à chaux à Noëllet, à Saint-Michel, à Noyant, à Chazé-Henri, en 1825, fut, en quelque sorte, une bonne fortune pour les cultivateurs du canton de Pouancé, dont les terres avaient si grand besoin d'être amendées par la chaux, et qui se trouvaient si éloignés des autres fours à chaux, qu'ils ne pouvaient s'y rendre économiquement.

De 1824 à 1858 neuf fours à chaux ont été construits dans le canton de Pouancé, ils ont été le point de départ d'une industrie encore prospère aujourd'hui, et d'une amélioration culturale, qui a permis aux métayers d'augmenter le rendement de leurs céréales, d'étendre leurs cultures fourragères et de se trouver prêts à transformer la race de leurs animaux de vente, lorsque le sang de Durham est venu se mêler à celui de la race bovine du pays.

Pour transformer en chaux la pierre calcaire, on la place par blocs ou quartiers dans un four ordinaire. Mais il est nécessaire de procéder autrement pour réduire le calcaire marneux ou, si l'on veut, terreux.

Il faut, au préalable, manier la marne avec de l'eau pour la mettre en pâte suffisamment consistante pour être moulée en une sorte de brique.

Des vieillards, des femmes, des enfants sont occupés à ce travail. On apporte la marne à leurs chantiers, où elle est d'abord battue à la pelle, puis arrosée d'eau pour la mettre en consistance pâteuse. En cet état, elle est mise dans des moules en tôle forte, ayant 0^{m}33 de longueur sur 0^{m}17 de largeur, et 0^{m}8 de hauteur, taillés en coin, ressemblant en un mot à la garniture allongée d'un fourneau de cuisine à laquelle on aurait mis, à chaque extrémité, une poignée pour la virer plus facilement et en dégager la pâte. Ces briques molles sont mises à sécher à plat sur le sol ou sur les rayons d'un hangar, et portées au four quand elles sont desséchées.

Une femme peut mouler environ trois cents blocs par journée de travail, et gagne ainsi 1 fr. 60.

Les dépôts calcaires du canton de Pouancé donnent une chaux grasse, très pulvérulente, dont le titre du carbonate de chaux varie entre 72 et 81 o/o, et rend sous cette forme de grands services aux agriculteurs du pays.

Je vais, d'ailleurs, faire passer sous vos yeux et des blocs de mollasse coquillière, et des briques de terre de chaux, et de la chaux fraîchement sortie du four, afin que vous puissiez mieux vous rendre compte de la nature des dépôts calcaires du canton de Pouancé.

Du rôle de l'hybridation dans la reconstitution du vignoble

C'est en 1863 que, sur trois points différents de la France, on constata la présence d'un minuscule insecte sur les racines de la vigne.

Cet infiniment petit, qui devait envahir successivement, méthodiquement, si j'osais dire, les unes après les autres toutes les contrées viticoles de la France, s'appelle le phylloxéra.

Il nous a été donné — comme tant d'autres maladies — par l'Amérique. Il en est venu, avec des vignes sauvages — les vignes américaines — auxquelles nous demandons d'être aujourd'hui le support, résistant au redoutable insecte, de ces précieux cépages qui donnent les grands vins de l'Anjou, du Bordelais, de la Bourgogne et de tous ces districts viticoles de la France qui ont contribué à sa richesse.

Mais une question s'est posée : nos vieilles vignes françaises, greffées sur un sujet américain, vivront-elles aussi longtemps que les cépages francs de pieds ? Nous connaissons la longévité du poirier greffé sur cognassier; nous savons que la vie du pêcher greffé est trop souvent limitée.

C'est de l'idée de s'affranchir de la greffe qu'est sortie la pensée de créer de nouvelles vignes, de nouveaux cépages, qui auraient des racines résistantes au phylloxéra, tout en donnant des fruits capables de reproduire les vins de France les plus renommés.

Pour créer de nouvelles variétés de vignes, il n'est pas toujours nécessaire d'imprégner méthodiquement l'organe femelle de la fleur avec un pollen étranger.

Le vent, les insectes, les oiseaux, se chargent de faire des unions libres et de rendre fécondes des espèces ou des variétés qui demeureraient stériles parce que leurs étamines, trop courtes, ou rejetées en arrière, ne peuvent mettre leur pollen en contact avec le stigmate.

Il est des variétés de vigne dont le pollen est doué d'une activité fécondante puissante. Il en est d'autres, au contraire, dont le rôle du pollen est faible, trop mesuré. Il résulte, dans le premier cas, que les vignes à pollen actif donnent des grappes à grains régulièrement serrés et que du second proviennent les grappes à grains espacés, de volume égal ou de volume inégal.

Traduisons ces faits par deux exemples : notre excellent cépage blanc, le Chenin, est une vigne à pollen actif, ses raisins sont à grains serrés, toutes ses fleurs sont fécondes. Certaines formes de Gamay sont des vignes à pollen faible, certaines formes de Groslot de Cinq-Mars sont dans le même cas; leurs grappes ont des grains qui ne se suivent pas, de volumes différents : ce sont des vignes coulardes. Et l'insuffisante action du pollen paresseux est si vraie, qu'on peut la corriger artificiellement.

Si l'on soufre, par exemple, une vigne de Gamay pour la défendre de l'oïdium, le vent du soufflet, employé pour distribuer le soufre, chasse le pollen de cep en cep, il devient ainsi le propulseur inconscient de l'agent fécondant. Si encore on place, au voisinage des variétés coulardes, un cépage à pollen actif, on voit s'atténuer et disparaître la coulure. L'Aramon × Rupestris Ganzin est un type remarquable de vigne à pollen énergique. Il ne porte que des fleurs mâles, et, n'ayant rien à faire chez lui, il déploie son énergie de fécondation chez ses voisins. Les faits que j'apporte ici sont d'observation courante et pratique.

Permettez-moi de vous citer un autre exemple au jardin de viticulture de la ville de Saumur. On a semé des pépins de raisin d'Ischia. Les pépins de fruits noirs ont donné un superbe raisin à grains blancs.

C'est donc que le vent ou un insecte quelconque avait transporté le pollen d'une vigne à fruit blanc sur l'Ischia à fruit noir. D'un nègre il est né un blanc.

Mais l'homme a voulu se mettre de la partie, se substituer à la nature. De sa main armée d'un fin stylet de roseau, il a emprunté à l'organe mâle d'une fleur sa substance fécondante et l'a déposée sur l'organe femelle d'une autre fleur, à laquelle il avait arraché sa couronne d'étamines. Il a fait de toute pièce de la fécondation par croisement d'une espèce avec une autre espèce.

Et, de toutes ces unions réfléchies, il est né toute une nouvelle famille de vignes que l'on appelle franco-américaines, parce qu'elles sont issues du croisement d'une vigne française avec une vigne américaine, ou inversement d'une vigne américaine avec une vigne française.

Il est des membres de ce nouveau groupe qui sont célèbres.

Je vous ai déjà parlé de l'Aramon fécondé par le Rupestris Ganzin. A celui-là je dois ajouter le Colombeau × Rupestris Martin ; le Chasselas rose par Rupestris ; le Pinot × Rupestris et beaucoup d'autres.

Mais il est arrivé que les hybrideurs n'ont pas trouvé précisément ce qu'ils cherchaient. Ils voulaient créer une nouvelle vigne capable de résister au phylloxéra et encore à la chlorose (cette autre plaie de la reconstitution dans les terres calcaires), et de porter en même temps des raisins propres à faire du vin.

Ils ont créé des vignes porte-greffes seulement, mais non des cépages de production directe.

Je sais bien que l'on annonce ce messie avec le retour de chaque saison de vente des cépages. Mais, jusqu'à présent, nous ne pouvons le toucher du doigt.

Toutefois je ne saurais douter que ce messie tant attendu ne vienne un jour, demain peut-être.

Peut-être qu'aussi l'on s'est trop attaché à créer et à recréer des hybrides nouveaux, et qu'au fur et à mesure qu'un nouvel être naissait dans la famille, on ne s'occupait pas assez ou même plus du tout de ses aînés.

Si, au lieu de faire du nouveau, on avait recueilli les pépins des premiers raisins donnés par ces jeunes ceps, sélectionnés parmi tant d'autres, et qu'on les eût semés, que l'on eût resemé les pépins de cette seconde, de cette troisième génération, il y aurait eu des chances de voir s'améliorer cette nouvelle race.

Les cultivateurs de chanvre demandent au Piémont le chènevis qui régénère la race de leur chanvre. Ce n'est pas le fils du Piémont qui donne la filasse longue, fine, soyeuse et souple, c'est le petit-fils. Pourquoi n'en serait-il pas de même pour la vigne ?

Un hybrideur célèbre entre tous, M. Couderc, d'Aubenas, est entré dans cette voie nouvelle. Ses études, de ce côté, ont porté sur une vigne américaine, le Vitis Californica, non résistante au phylloxéra.

Il a semé des pépins de ses fruits, resemé des fils et des petits-fils de ces pépins, et il est arrivé à rencontrer une forme de Californica résistante au phylloxéra. Il a amélioré la race du Vitis Californica.

M. Couderc a créé, et d'autres ont créé avec lui, des hybrides complexes. C'est-à-dire qu'aux fleurs femelles d'un hybride ayant pour générateurs une espèce américaine et une variété française, ils ont donné du pollen d'une autre vigne américaine ou d'une autre variété française, choisissant de préférence des types pouvant augmenter ou la résistance ou le volume des grains du raisin.

Et je crois pouvoir vous dire que, parmi ces hybrides complexes, il en est qui donnent des raisins pesant un kilogramme.

Mais ces jeunes vignes sont encore soumises à toutes les épreuves de la résistance au phylloxéra et à la chlorose. On les tient en charte privée.

J'ai voulu vous montrer que, dans le vignoble qui s'élèvera sur les cendres de nos vieux cépages français, l'hybridation de hasard, comme l'hybridation méthodiquement pratiquée par l'homme, étaient certainement appelées à jouer un rôle important dans la création du nouveau vignoble qui va remplacer nos vieux et si bons cépages.

SECTION DES SCIENCES PURES

Samedi 15 Juin 1895

M. le Dr MAISONNEUVE, professeur à la Faculté libre des sciences d'Angers, président, ouvr la séance en adressant aux congressistes ces paroles de bienvenue :

MESSIEURS,

Je me sens tout particulièrement heureux de la mission qui m'incombe, comme président de la *Section des Sciences pures du Congrès,* de souhaiter très cordialement la bienvenue à tous ces représentants de la science qui, accourus des différentes parties de l'Anjou et des départements voisins, veulent bien nous donner la primeur de leurs recherches et de leurs observations personnelles.

Mathématiques, Météorologie, Géologie, Botanique, Zoologie, Anatomie comparée, Sciences préhistoriques vont tour à tour nous intéresser..... voire même nous charmer.

Au nom du Congrès, Messieurs, merci donc à vous tous pour les si aimables instants que vous allez nous faire passer.

Mais il est parmi vous un savant et zélé professeur, à l'initiative et à l'activité duquel nous devons cette belle réunion scientifique. Je vous propose, Messieurs, d'applaudir son nom. M. Préaubert a dépensé son temps sans mesure ; il a mis tout son dévouement aussi bien que la plus inaltérable amabilité à assurer le succès de cette difficile entreprise. Il me paraît juste que nous lui donnions, en le nommant Président d'honneur de la Section, un témoignage de notre reconnaissance.

Et maintenant, Messieurs, me rappelant la parole du poète : *fugit, fugit, irreparabile tempus,* je vous propose de vous mettre à l'œuvre sans plus tarder, car la moisson est abondante et il importe de n'en rien laisser perdre.

Messieurs, je déclare la séance ouverte.

COMPTE RENDU DES SÉANCES

Par MM. Couette et Desmazières, secrétaires

Le charmant discours de bienvenue prononcé par M. le Dr Maisonneuve est accueilli par de chaleureux applaudissements ; M. Préaubert est nommé Président d'honneur par acclamation et prend place au Bureau.

Enfin, sur la proposition de son Président, l'assemblée confie les fonctions de secrétaires à M. Couette, professeur de physique à la Faculté libre des sciences, pour les sciences mathématiques et physiques, et à M. Desmazières, percepteur, pour les sciences naturelles.

M. le Président convie les assistants à l'excursion scientifique et au banquet qui doivent avoir lieu le lendemain.

M. Davy, ingénieur des mines à Châteaubriant, a la parole pour la lecture d'un mémoire sur *la faune quaternaire de la vallée de Chaudefonds, près Chalonnes.*

Dans le calcaire dévonien des fours à chaux de la vallée du Layon, M. Davy a trouvé de nombreux vestiges des temps quaternaires, des ossements et des silex qu'il a généreusement donnés au Musée d'Angers pour former le noyau d'une collection du Quaternaire de l'Anjou. Précédemment M. le Dr Farge avait reçu de M. Cousin de nombreux ossements provenant de la même localité, M. Davy serait très heureux de voir toutes les trouvailles analogues réunies au Musée. En quelques mots l'auteur fait une reconstitution très claire de la vallée du Layon à l'époque quaternaire. D'après lui, la faune des grottes de Chaudefonds peut être rattachée au Quaternaire moyen. Le travail se termine par une nomenclature détaillée des principales espèces animales trouvées dans ce gisement.

M. le Président fait remarquer tout l'intérêt de ce travail local, dans lequel l'auteur a fait revivre devant nous la faune si remarquable qui fut contemporaine des premiers hommes.

M. Biaille, pharmacien à Chemillé, dit qu'il a recueilli à Roc-en-Paille 25 ou 30 silex dont plusieurs en forme de flèches.

M. Durand-Gréville demande à M. Davy s'il existe à Chaudefonds des sources chaudes, comme semble l'indiquer le nom de la localité ; une réponse affirmative est faite à cette demande.

M. Préaubert fait une remarquable communication sur *l'origine pétrologique et sur la fabrication des haches en pierre polie de l'Anjou.* D'après lui, les haches de notre pays sont de deux sortes, les unes fabriquées sur les lieux mêmes avec les matériaux des roches les plus proches, les autres provenant d'échanges avec les pays étrangers et la plupart taillées dans des pierres serpentineuses. Ces dernières sont équarries par percussion du bloc primitif et les ateliers ont laissé de nombreux débris ou éclats. Au contraire, en Anjou, les éclats n'existent pas, mais on trouve quelques polissoirs. Les haches ont été fabriquées avec des cailloux roulés, de là de nombreuses formes intermédiaires entre le caillou primitif et la hache polie qui conserve toujours des dépressions et des tares rappelant leur origine. Actuellement encore il existe dans notre département une fabrique de fausses haches confectionnées dans des conditions analogues.

M. Préaubert fait passer sous les yeux des assistants toute une série de haches fort remarquables et de cailloux plus ou moins modifiés par la taille. Cette communication intéresse vivement l'auditoire, et M. le Président félicite le savant professeur du Lycée.

M. Biaille, demande à M. Préaubert s'il existe en Anjou des gisements de diorite ayant pu servir à la fabrication des haches. M. Préaubert a constaté la présence de la roche en question dans l'arrondissement de Cholet.

Le R. P. Poulain dépose un Mémoire sur *la géométrie du triangle* et l'accompagne de quelques réflexions. On voit, dit-il, apparaître de temps en temps des théorèmes nouveaux en géométrie et en algèbre. Souvent on s'aperçoit que plusieurs de ces théorèmes, logiquement reliés entre eux, forment un groupe naturel et constituent aussi une nouvelle branche de la science. On peut citer comme exemples de ces groupes les théorèmes de Poncelet sur les propriétés projectives, ceux de Chasles sur l'involution, de Bellavitis sur l'équipollence, et enfin tout cet ensemble qu'on appelle la géométrie du triangle et auxquels plusieurs Revues françaises et étrangères sont particulièrement consacrées. On a remarqué depuis longtemps,

dans le plan d'un triangle, certains points qui jouissent
de propriétés curieuses : point de concours des trois médianes, des trois hauteurs, etc. Le nombre s'en est beaucoup accru depuis un demi-siècle, on a inventé le point
de Lemoine, le point de Brocart, etc. Il a fallu créer une
nomenclature nouvelle. Un vocabulaire d'une trentaine
de mots permet de désigner environ 4.000 points, auxquels correspondent des droites, des ellipses, des hyper-
boles, etc. Cette nomenclature permet de condenser les
énoncés des théorèmes connus et en suggère de nouveaux.
Aussi avons-nous vu dans ces dernières années une production abondante de théorèmes, un peu décroissante
maintenant.

A quoi tout cela sert-il? Les mathématiciens ne s'en
occupent pas ; d'autres savent ou sauront un jour tirer
parti de leurs travaux. C'est ainsi que les savantes
recherches des géomètres grecs sur les sections coniques
réunies en huit livres par *Apollonius de Perge*, après
être restées dix-huit cents ans sans application, ont permis
à *Képler* de découvrir les lois du mouvement des planètes.
De même encore les quaternions d'*Hamilton*, plus imaginaires que les imaginaires ordinaires, ont été un instrument analytique puissant pour *Maxwell* dans ses grands
travaux de physique mathématique.

M. l'abbé Hy remet au Président une liste des *Musci-
nées rares ou nouvelles de l'Anjou*, fruit de nombreuses
et patientes recherches. Le savant botaniste de la Faculté
des sciences prend ensuite la parole pour rendre compte
de ses études sur les *Hybrides spontanés du genre Rosa
aux environs d'Angers*. Ces hybrides n'avaient pas été
signalés par Boreau, qui n'en admettait aucun ; l'auteur
en signale plusieurs aux environs d'Angers et fait remar-

quer que tous ont une fertilité très amoindrie et peuvent
même devenir complètement stériles lorsque les conditions climatériques sont défavorables.

M. le Président et M. Préaubert adoptent les conclusions de l'auteur et le félicitent sincèrement.

M. MAISONNEUVE prend ensuite la parole pour une communication personnelle *sur une nouvelle espèce de papillon qui se développe dans une galle ligneuse.* Ce lépidoptère intéressant a été trouvé par M. Maisonneuve
dans une galle ligneuse fixée sur une plante d'origine
américaine cultivée au jardin botanique de l'Université
catholique d'Angers. L'auteur fait circuler différents dessins montrant les particularités de structure de la galle et
de l'insecte et des tubes de verre renfermant les pièces à
conviction. Cette étude toute nouvelle est très appréciée
des naturalistes présents à la réunion et fait valoir les qualités d'observateur de l'auteur. Diverses opinions sont
émises par différents membres de l'assemblée pour expliquer comment la chenille a pu former la galle, s'y enfer-
mer et y vivre, enfin, sur l'opercule ou clapet qui se trouve
à la surface de la galle et qui, en tombant, donnera passage à l'insecte tout formé.

M. l'abbé DAVY, curé de Fougeré, aborde ensuite une
question d'ornithologie : *Observations sur les coucous de
Maine-et-Loire.* Les coucous arrivent en avril, après la
clôture de la chasse et, ne faisant pas de nids, leur évolution est difficile à suivre. L'auteur s'est demandé s'il existe
en Anjou plusieurs espèces de coucous ou s'il faut confondre les coucous roux et gris en une seule espèce. Le
patient et habile observateur, après des recherches minu-
tieuses, croit pouvoir affirmer l'existence de deux espèces

de coucous. Non seulement le coucou roux et le coucou
gris diffèrent par la couleur, mais par la forme générale
du corps, la grosseur des membres, du bec, etc. De beaux
spécimens de coucous, jeunes et adultes, mâles et femelles,
sont présentés successivement aux assistants qui admirent
la patience du zélé naturaliste dont cette étude fournit la
preuve.

M. le Président loue M. l'abbé Davy de sa perspicacité
dans une étude si difficile et émet l'opinion que la confusion entre les deux espèces a dû résulter d'une étude trop
rapide, faite tout d'abord par quelque savant dont les conclusions ont été acceptées jusqu'ici les yeux fermés ; ayant
trouvé une femelle de coucou rouge et un mâle gris il en
aura sans doute conclu, un peu à la légère, que les coucous
ne formaient qu'une seule espèce, dans laquelle les mâles
et les femelles étaient de couleurs différentes.

Une discussion très animée s'engage ensuite entre
M. Durand-Gréville, M. l'abbé Davy et plusieurs membres
présents à propos d'un article de M. de Parville, publié
dans le journal des *Débats*. Il résulte de cet article que
M. de Rocquigny d'Adanson a remarqué que, sous l'apparence de l'abandon, la femelle du coucou se préoccupe
beaucoup plus de ses petits qu'on ne l'avait cru et les
surveille au moins pendant quelque temps ; elle va d'un
nid à l'autre et contribue à leur alimentation, de concert
avec la mère adoptive, en leur apportant de grosses chenilles.

M. le Président prie M. l'abbé Davy de vouloir bien
vérifier cette observation qui semble très contestable aux
naturalistes présents.

M. l'abbé Hy demande si la différence de couleur des
coucous ne proviendrait pas d'une différence dans l'alimentation des petits nourris par des oiseaux d'espèces

variées. M. Maisonneuve et M. l'abbé Davy ne croient pas pouvoir attacher une importance aussi grande à la différence de nourriture.

M. Nicollon, naturaliste à Nantes, donne lecture d'une note extraite de son étude sur *La question de la pêche dans les relations qu'elle peut avoir avec l'hygiène, l'alimentation et la propagation de certaines maladies.* Ce naturaliste attribue la plupart des cas de maladie et même d'empoisonnement à deux causes : 1° La mauvaise qualité de l'eau servant à la fabrication de la glace dans laquelle on conserve et expédie le poisson; 2° aux lavages successifs du poisson avec des eaux impures, remplies de microbes. M. Nicollon s'étend longuement sur les différentes phases de la pêche, de l'emballage et du transport des poissons et des crustacés.

Après la lecture de cet intéressant mémoire, quelques assistants donnent connaissance de faits relatifs à des cas de mort causés par les crustacés. M. Biaille a constaté en 1893, aux Sables-d'Olonne, une épidémie cholériforme à la suite d'ingestion de homard; il attribue cette maladie aux têtes de thon en putréfaction complète servant à la pêche des homards.

M. le Docteur Atgier fait remarquer que des cas d'empoisonnement ont été constatés après absorption de homards frais mangés à deux repas différents séparés par une nuit orageuse, il fait observer que les œufs des langoustes sont susceptibles de transformations dangereuses, le phosphore qu'ils contiennent étant susceptible de former rapidement des composés toxiques.

Cette discussion étant close, M. le Président donne la parole à M. Docteur Atgier. Le savant médecin militaire donne communication d'un Mémoire très documenté sur les *Anomalies mammaires (Polymastie, Polythélie)*, comparée à divers états normaux de l'embryon humain et de diverses espèces animales. L'orateur fait circuler une série intéressante de dessins représentant des hommes et des femmes pourvus de mamelles surnuméraires. Il conclut en formulant une loi ainsi conçue : « Toutes les anomalies humaines se retrouvent à l'état normal chez l'embryon ou les espèces inférieures. »

M. le président, après avoir vivement félicité l'auteur de ses recherches, lui demande s'il a constaté la présence de mamelles sur les bras, les jambes, ce qui n'existe jamais chez les animaux à l'état normal. M. Atgier répond que certains auteurs admettent une classe spéciale de mamelles dites erratiques ou situées dans des endroits où aucun animal n'en présente normalement ; le fait existe, mais dans la plupart des cas, contrairement à ce que l'on pourrait croire, il ne s'agit pas de mamelles véritablement aberrantes. Ainsi, fait peu connu, le porc-épic en possède une sur l'épaule. Cependant quelques mamelles sont bien réellement erratiques.

M. Maisonneuve fait remarquer que, la mamelle étant en quelque sorte formée par la réunion d'un certain nombre de grandes sébacées pareilles à celles qui sont répandues sur toute la surface du corps, il n'est pas étonnant qu'un développement exagéré de ces glandes puisse produire parfois en différentes régions du corps un semblable organe ; ce n'est pas en réalité un organe nouveau qui apparaît, mais un organe déjà existant, développé avec exagération.

M. Durand-Gréville montre la relation qui existe entre la courbe d'un baromètre enregistreur et l'état de l'atmosphère pendant son inscription. Cette courbe figure en quelque sorte la coupe faite dans un tourbillon par la verticale du poste d'observation, pendant que le tourbillon est passé au-dessus de ce poste ; en d'autres termes, et en supposant la forme du tourbillon lentement variable, la courbe enregistrée figure schématiquement la section de ce tourbillon par un plan vertical parallèle à sa direction de propagation et qui est habituellement du S.-O. au N.-E. Si les lignes isobares étaient des circonférences concentriques, la courbe de l'enregistreur serait symétrique par rapport à l'ordonnée de son minimum. Cette disposition symétrique est fortement altérée au moment d'un orage ; on observe alors une forte dépression barométrique, suivie d'un relèvement très rapide ; en même temps la température monte d'abord, puis s'abaisse brusquement. D'autre part, on observe que les orages qui éclatent simultanément sont ordinairement répartis sur une ligne (ligne·de grains), dirigée en gros du N.-O. au S.-E., et se transportant du S.-O. au N.-E. Ces phénomènes démontrent l'existence, dans les grands tourbillons atmosphériques, d'une sorte de bourrelet allant du centre au bord S.-E.

La séance est levée à 11 heures et demie.

M. le Président annonce qu'en raison de l'abondance des travaux de la section, une seconde séance aura lieu à 4 heures du soir.

SÉANCE DU SOIR

A 4 heures de l'après-midi, M. le Président déclare la séance ouverte.

M. Lac de Bosredon dit qu'il avait l'intention de présenter au Congrès un mémoire sur les *équipollences*. Les dispositions du règlement relatives à la longueur des communications et à la publication des figures l'obligent à renoncer à ce projet. Il expose aujourd'hui la méthode analytique élégante qu'il a imaginée pour étudier les sections planes des surfaces.

Soit :
$$\varphi\,(x,\,y,\,z) = 0 \qquad (1)$$

l'équation d'une surface S rapportée à un système quelconque de coordonnées trirectangles. Nous prenons un nouveau système de coordonnées, formé par trois rectangulaires P, Q, R, dont le premier, P, est celui-là même dont nous cherchons l'intersection avec la surface S. Étant données les équations ($Ax + By + Cz = 0$, etc.) des plans P, Q, R dans le premier système de coordonnées, on obtient facilement l'expression en fonction de x, y, z, des distances respectives X, Y, Z, du point quelconque (x, y, z) à ces trois plans, c'est-à-dire les coordonnées de ce point dans le second système. On a ainsi :

$$X = \frac{Ax + By + Cz}{\sqrt{A^2 + B^2 + C^2}}, \qquad \text{etc.}$$

De ces relations, on tire, par un procédé qui constitue précisément la partie originale de ce mémoire, les expressions de x, y, z en fonction de X, Y, Z :

$$x = \frac{AX}{\sqrt{A^2 + B^2 + C^2}} + \frac{A'Y}{\sqrt{A'^2 + B'^2 + C'^2}} + \frac{A''Z}{\sqrt{A''^2 + B''^2 + C''^2}}, \text{ etc.}$$

On substitue ces expressions dans (1) ; on y fait $X = 0$; et on obtient ainsi une équation entre Y et Z, qui est celle de l'intersection de la surface S et du plan P, rapportée à deux axes rectangulaires situés dans ce plan.

M. le Président donne communication d'un fait intéressant pour l'histoire naturelle de l'Anjou, observé par un jeune ecclésiastique, M. l'abbé LEBRUN. Il s'agit de la découverte d'une espèce septentrionale de Lépidoptère, trouvée dans la forêt d'Ombrée. En examinant les collections de M. l'abbé Lebrun, M. de Tarlé a reconnu, dans ce lépidoptère, le Grand Sylvain (*Limenitis populi*).

Les communications scientifiques sont interrompues quelques instants pour permettre à M. Bouchard de donner quelques renseignements sur l'excursion des membres du Congrès, qui doit se faire le lendemain à Savennières et à la Possonnière. M. le Président lit une très aimable lettre de M. de Romain, offrant l'hospitalité aux excursionnistes, dans sa belle propriété de la Possonnière.

M. COUETTE dépose un mémoire sur la *Réflexion et la réfraction du son* et en explique très brièvement l'objet et les principaux résultats. C'est une vue théorique, dont le principal intérêt est d'ordre pédagogique. Elle prépare les esprits à l'étude plus difficile de la réflexion et de la réfraction de la lumière par celle d'un cas mathématiquement plus simple, puisque les vibrations sont longitudinales et, physiquement, plus compréhensibles, puisque les propriétés mécaniques des milieux vibrants n'ont rien d'hypothétique. On retrouve avec les ondes sonores les particularités relatives à l'incidence Trewstérienne et à la réflexion totale.

M. le Président donne lecture d'un mémoire de M. l'abbé BARDIN, intitulé : *Rectification de la carte géologique de la France concernant certains terrains tertiaires de Maine-et-Loire rapportés à tort au Pliocène*. L'auteur, dans ses conclusions, soutient que l'Anjou ne contient pas de Pliocène et que toutes nos couches tertiaires doivent être rapportées au Miocène inférieur et moyen.

M. le Président fait ressortir toute l'importance de ce travail qui fait suite aux études déjà publiées par l'auteur, sur le tertiaire de notre pays ; il demande si quelques-uns des membres présents ont des observations à faire. M. Préaubert fait appel à M. Davy, qui conteste, au moins en partie, la théorie de M. l'abbé Bardin. Selon lui la présence du Pliocène dans les sables rouges privés de fossiles par décalcification a été reconnue en Anjou d'une façon certaine. M. l'abbé Bardin étant absent, la discussion est close.

M. NICOLLON fait connaître ses recherches personnelles sur l'industrie de la pêche sur nos côtes, recherches poursuivies depuis de longues années. L'auteur ne parle que de choses vues, constatées par lui. Son travail intéresse vivement les naturalistes présents ; les conclusions de l'auteur sont qu'il existe dans la mer une zone de pêche au delà de laquelle il ne faut pas espérer faire des récoltes fructueuses.

M. le Président adresse toutes ses félicitations à M. Nicollon et l'engage à poursuivre ses utiles recherches, cette question des pêcheries étant une des grosses questions économiques de notre époque.

M. RÉVEILLIÈRE fait hommage au Congrès d'une note qu'il vient de publier sur un *couteau de sacrifice gaulois*, trouvé à Quiberon en août 1893. Une belle planche accompagne ce travail.

M. QUÉLIN lit un mémoire sur la *marche des nuages sur la France, principalement sur l'Ouest et l'Anjou*. On sait que les grands mouvements tournants de l'atmosphère, dont le passage est toujours signalé par une dépression du baromètre et, généralement, par du mauvais temps, se déplacent à la surface de notre globe. On peut les suivre en quelque sorte à la piste, et aussi, grâce au télégraphe, annoncer, plusieurs jours d'avance, leur arrivée aux régions qu'il menacent. Les cartes d'isobares, publiées chaque jour par le Bureau central météorologique, rendraient aussi cette prévision du temps facile, environ vingt-quatre heures à l'avance, si l'on connaissait bien la marche habituelle de ces dépressions. C'est cette connaissance que le zélé directeur de l'Observatoire météorologique d'Angers s'efforce de nous donner. Il nous décrit, pour cela, l'itinéraire des principales dépressions qui traversent la France. Les plus fréquentes, qui sont aussi les mieux étudiées, presque les seules bien connues, nous viennent du Nord-Ouest. Mais M. Quélin étudie celles qui, venant du Sud-Ouest, pénètrent en France par le golfe de Gascogne; celles aussi qui lui arrivent du Nord, du Sud-Est, du Sud. Il décrit les principaux effets de chacune d'elles au point de vue du vent et de la pluie qu'elle apporte. Munis de ces précieuses indications et de la carte quotidienne du Bureau central, on ne serait pas, selon l'auteur, pris au dépourvu plus d'une fois sur dix.

A six heures, M. le Président, en déclarant la séance close, remercie les auditeurs et les auteurs qui ont bien voulu honorer de leur présence le Congrès scientifique d'Angers, et surtout concourir, par leurs travaux, à l'intérêt qu'il a présenté. De vifs applaudissements éclatent dans l'auditoire et l'on se sépare, tout heureux de cette excellente journée.

SCIENCES PURES

M. L. Davy, ingénieur civil des Mines :

Note sur les Ossements quaternaires des environs de Chalonnes-sur-Loire (Maine-et-Loire).

Les rives du Layon, au moment où cette rivière se jette dans la Loire, à Chalonnes, étaient admirablement disposées pour nourrir, dès l'âge quaternaire, une grande quantité d'animaux divers. Le grand fleuve avait alors un débit bien plus considérable que celui d'aujourd'hui ; les eaux du Layon se maintenaient à un niveau permanent élevé entre Chalonnes et Chaudefonds ; il y avait là un grand lac, peu profond, marécageux, borné au Sud par des rochers calcaires dévoniens, creusés de nombreuses cavernes.

Dans ces eaux relativement calmes, le poisson devait abonder, les rives étaient propices à la multiplication des bisons, des chevaux et des cerfs, voire même des rhinocéros et des éléphants. Les ennemis naturels de ces espèces inoffensives trouvaient des repaires dans les cavernes creusées par la nature dans le calcaire. Aux premiers, il ne manquait ni l'eau, ni la prairie, ni les bois, les autres étaient certains d'une proie journalière et d'un abri sûr.

Ce petit coin de terre privilégié devait donc être peuplé d'animaux nombreux et d'espèces variées, dévorés les uns par les autres, comme c'est la règle commune.

L'homme primitif qui, lui aussi, avait besoin de nourriture et d'abri, est venu se faire l'hôte redoutable de cette colonie, il a dû pêcher dans cette rivière, il a chassé les bisons, les cerfs et les éléphants, il a dressé des pièges aux oiseaux du rivage, il s'est battu contre les ours et les hyènes pour supprimer leur concurrence et faire de leurs demeures souterraines son habitation.

Il est même possible que les sources chaudes de Chaudefonds (Chaudes-Fontaines) qui, aujourd'hui, ne gèlent jamais, aient été à cette époque plus chaudes et plus abondantes qu'elles ne le sont aujourd'hui ; si cette très plausible hypothèse est la vérité, la vallée du Layon, en aval de Chaudefonds, devait être une petite terre promise.

Les nombreux restes d'animaux, mêlés aux produits de l'industrie humaine, trouvés dans cette vallée, vont prouver maintenant ce que je viens d'avancer.

Les calcaires dévoniens formaient, il y a cent ans, une colline élevée, depuis le Petit-Fourneau jusqu'à Roc-en-Paille ; un peu plus loin, ce calcaire constituait une presqu'île, au four Saint-Charles, et se retrouvait à Chaudefonds pour se poursuivre vers l'Est.

Ce calcaire était creusé de grottes nombreuses et de larges fentes ; autour de lui et sur les points les moins élevés de sa surface s'étendaient du sable et des argiles. Cette même bande calcaire se continue à l'Ouest vers Montjean et Ancenis, vers l'Est, jusqu'à La Fresnais, avec les mêmes caractères géologiques et les mêmes cavités, mais elle ne renferme plus d'ossements en aussi grand nombre. Ces restes étaient donc localisés sur les bords du Layon, endroit plus propice à la vie des grands animaux.

Les chaufourniers du pays ont de tout temps remarqué ces os disséminés dans le sable et l'argile qui remplissent le sol des cavernes, ou s'étendent en couches horizontales au voisinage immédiat des carrières; ils ont été bien souvent surpris des grandes dimensions de quelques fémurs ou de quelques vertèbres, mais ignorant l'intérêt que pouvait avoir pour la science leur conservation, il les ont abandonnés au milieu des déblais.

Lorsqu'en 1867, j'ai visité pour la première fois les carrières du Layon, les ouvriers effondraient dans la carrière de Saint-Charles une vaste caverne dont le sol était pétri de débris de toutes sortes. Personne ne se donnait la peine de les sauver de la destruction.

En 1870, j'ai vu enlever au-dessus du calcaire de Roc-en-Paille, une butte d'argile de cinq mètres d'épaisseur en son point culminant. C'est là que j'ai recueilli une dent molaire d'*Elephas primigenius*, quelques dents de bovidés et d'*Equus caballus*. Là aussi, j'ai reconnu des foyers parfaitement reconnaissables à l'argile rougie et calcinée de leur sol, aux débris de cendres et de charbons qui recouvraient cette argile et, pour rendre la présence de l'homme incontestable, j'y ai recueilli deux fragments de silex taillés.

Mais, à cette époque, je n'ai pas pu recueillir tous les os mêlés en grand nombre à l'argile que l'on enlevait.

Ce que je puis certifier, c'est qu'à Roc-en-Paille, il y avait, à l'abri d'un promontoire en calcaire dévonien, une station humaine préhistorique, contemporaine de l'*Elephas primigenius*. Partout aux alentours, les dépôts argileux sont sans fossiles et, là même, les restes organiques ne se voient que dans la région moyenne de la masse.

M. Cousin, propriétaire de Roc-en-Paille, mieux inspiré

que ses voisins, a recueilli beaucoup de ces ossements et les a remis à notre regretté collègue, le docteur Farge. Je me suis entretenu avec lui de ces fossiles, je sais qu'il y attachait de l'importance; j'espère qu'ils ont été conservés, qu'ils ne seront pas perdus pour la science et qu'ils viendront rejoindre ceux que j'ai déposés au musée d'Angers.

Depuis plus de dix ans, je fais exploiter le calcaire de Chaudefonds. Vers le centre de la masse, qui a plus de 80 mètres d'épaisseur, se trouve une région non stratifiée et profondément corrodée, de manière à former des cavernes; le plus souvent, ces vides ont été remplis par l'argile jaune ou rouge venue de la partie supérieure par des fentes trop étroites pour que les animaux ou leurs débris aient pu y pénétrer. Les orifices supérieurs étaient aussi, quelquefois, bouchés par le dépôt des sables et cailloux roulés. Ce n'est donc que dans les vastes excavations à orifices assez grands, donnant directement dans la campagne, que j'ai pu recueillir des ossements. Ils se trouvaient sans ordre, dans l'argile desséchée et très dure. La pioche des ouvriers a certainement brisé beaucoup de spécimens remarquables, je n'ai pu sauver qu'une fraction des richesses de ce petit gisement.

Les ossements quaternaires de la vallée du Layon se trouvent donc dans deux gisements bien distincts, les cavernes et les abris.

Dans les cavernes, on n'a trouvé que des animaux carnassiers et les restes des victimes qu'ils y apportaient, les os de ces dernières sont presque tous brisés.

Dans l'abri de Roc-en-Paille se trouvaient les traces de l'homme, ses foyers, ses silex, en même temps que les restes des produits de sa chasse, les bovidés, les cerfs, les chevaux et enfin l'éléphant.

L'opinion de M. Boule sur cette faune se résume comme suit :

« Les ossements appartiennent tous à la faune quater-
« naire froide qui a suivi, dans notre pays, la faune dite
« chaude de Chelles et qui appartient au quaternaire
« moyen. Le fait intéressant que les ossements de Chau-
« defonds permet de constater est la présence, au milieu
« des débris de mammouth, de rhinocéros à narines cloi-
« sonnées, d'hyènes des cavernes et de fragments d'un
« ours se rapportant non pas à l'*Ursus spœleus*, ours
« des cavernes, comme c'est le cas ordinaire, mais à
« l'*Ursus arctos*, ours actuel d'Europe. Le fait est
« certain et peut s'expliquer soit par une préexistence
« réelle, soit parce que l'ensemble de la faune du Layon
« n'appartient pas à un même niveau stratigraphique de
« la caverne. »

Il me semble certain que les cavernes du calcaire ont été habitées par des animaux depuis l'époque quaternaire jusqu'à nos jours ; il n'est donc pas étonnant qu'une même excavation, à Chaudefonds, ait pu fournir le *Rhinoceros tichorhinus* et l'*Ursus arctos*. Des courants d'eau tumultueux ont pu mettre en dessous ce qui était en dessus.

Dans la caverne de Saint-Charles, on voyait, à la surface du sol, de nombreux ossements de chauves-souris qui n'avaient besoin que d'un remaniement superficiel pour se confondre avec les os fossilisés inférieurs.

Dans le tableau suivant, je mets en regard la faune quaternaire du Layon avec celles analogues de la Mayenne, d'après les renseignements fournis par M. Gaudry (*Bull. Soc. Géol. de France*, 3e série, t. I, et Mater, pour *l'Histoire des temps quaternaires*), et aussi par M. Œhlert (*Notes géologiques sur le département de la Mayenne*).

VALLÉE DU LAYON (Maine-et-Loire)	SAINTE-SUZANNE (Mayenne)	LOUVERNÉ (Couloirs) (Mayenne)	LOUVERNÉ (Grottes) (Mayenne)	GROTTES DE SAULGES (Mayenne)
— Homo.	—	Homo.	Homo.	Homo.
CANIS				
— C. lupus.		C. Lupus.		C. Lupus.
— C. vulpes.	C. vulpes.	C. vulpes.	C. vulpes.	C. vulpes.
HYÆNA				
— H. spœlea.	H. spœlea.	H. spœlea.	H. spœlea.	H. spœlea.
URSUS	»	H. ferox.	»	U. ferox.
— U. arctos.	»	»	»	U. spœleus.
ELEPHAS				
— E. primigenius.	»	E. primigenius.	»	E. primigenius.
SUS	S. scropha.	S. scropha.	»	S. scropha.
RHINOCEROS	R. Merckii.			
R. tichorhinus.	»	R. tichorhinus.	R. tichorhinus.	R. tichorhinus.
EQUUS				
— E. caballus.	E. caballus.	»	E. caballus.	E. caballus.
BOVIDES	Bos.	Bos.	Bos.	Bos.
— Bison priscus.	»	»	»	»
CERVUS			C. tarandus.	C. tarandus.
— C. Elaphus.	C. elaphus.	C. elaphus.	C. Canadensis.	C. elaphus.
FELIS	F. leo.	F. leo.	»	»
»	Arctomys marmotta	A. marmotta.	»	»
		Meles taxus.		Arvicola amphibia?
		Mustela		
		Lepus timidus.		
OISEAUX	»	Anas.		
		Anser.		
		Mergus.		
		Rapace diurne.		

Si, maintenant, tous les propriétaires et industriels du département de Maine-et-Loire qui trouveront dans le sol des ossements d'animaux et des traces de l'homme primitif, veulent bien les recueillir et les adresser au musée d'Angers, avec une courte note indiquant leur provenance et quelques mots sur la nature du gisement, la petite collection que j'ai recueillie ne tardera pas à devenir grande, les savants ne manqueront pas pour l'étudier et en tirer des conséquences précieuses pour l'histoire des premiers pas de l'humanité.

Châteaubriant, mai 1895.

M. Préaubert, professeur au Lycée, président de la Société d'Études scientifiques d'Angers :

Sur la nature pétrologique des outils
de pierre polie de l'Anjou

L'Anjou a fourni sur son territoire la découverte d'un très grand nombre de pierres polies de l'époque néolithique ; au contraire, les éclats de silex sont extrêmement rares ; si l'on excepte quelques belles pièces ouvrées, couteaux, scies, pointes de flèche qui portent le cachet et le coloris des objets provenant du Grand-Pressigny, on peut dire que les silex éclatés, que la charrue ramène au niveau du sol, sont absolument insignifiants et en nombre infiniment petit.

Comment donc nos ancêtres fabriquaient-ils leurs haches de pierre polie ? Car, dans certaines stations plus orientales, où ces mêmes instruments étaient également fabriqués, on trouve des morceaux d'éclats provenant du dégrossissement préalable du silex et, d'autre part, il n'est pas douteux que les précurseurs des Andegaves savaient travailler la pierre et la polir, puisqu'on retrouve des polissoirs.

La conclusion à tirer de là, c'est qu'ils polissaient la pierre sans la dégrossir. La chose est parfaitement certaine, comme il résulte de l'examen d'un ensemble relativement considérable de pierres polies que j'ai pu recueillir sur les divers points de l'Anjou.

Si on examine cette collection, on voit que l'on peut immédiatement diviser les spécimens qui la composent en deux catégories : 1° instruments en roches étrangères à la région ; 2° instruments en pierres du pays.

La première catégorie renferme les sujets réellement

les plus artistiques, les plus finis ; le substratum est une roche serpentineuse ou magnésienne se prêtant merveilleusement au polissage, d'autres sont de roches laviques ; aucun doute possible, tout cela est d'introduction.

Viennent maintenant les outils autochtones ; ils sont formés avec des quartzites du silurien, ou bien encore avec des diorites, ou du porphyre, qui ont percé les couches primaires en divers points ; aux portes d'Angers, dans le bassin calcaire dévonien, du reste très limité, on a trouvé des haches en marbre, assez maltraitées par le temps, mais encore reconnaissables ; dans le sud du département, dans la région granitique, par excellence, ce sont de mastoques celtes en granit.

Eh bien ! toutes, sans exception, toutes ces haches présentent un caractère commun, dont il est facile de se convaincre, c'est que toutes sont d'anciens galets roulés.

On s'en apercevra, même sur les plus parfaites, par des défauts de symétrie, par des courbures insolites, par des restes de la surface primitive qui n'a point été retouchée, par des tares natives que l'usure du polissoir n'a pas fait disparaître, par la variété de forme, de dimension, d'aspect qui rappelle cette diversité même qu'offrent les galets usés par les mouvements des eaux.

Si on écarte les belles pièces pour ne laisser que le menu fretin, ces pièces-là même, que certains collectionneurs dédaignent comme inférieures et qui sont cependant bien intéressantes, bien instructives, oh ! alors, la vérité de la proposition éclate sans conteste. J'ai ici toute une série de pierres ramassées après labourage, autour de Beaupréau ; elles sont pêle-mêle. Si l'on s'en tient à un coup d'œil superficiel, il n'y a pas de doute, ce sont là des galets roulés. Mais prenons un quelconque d'entre eux et retournons-le de tout côté ; nous voyons de ci, de là, des facettes parfaitement intentionnelles qui viennent s'opposer à des courbures naturelles de la pierre et former un biseau occupant l'une des extrémités, celle la r' .s élargie de l'ovoïde que forme le caillou. Supposons la petite extrémité de l'ovoïde enfoncée dans un manche en bois, nous avons un outil aussi caractéristique que les plus parfaits spécimens de l'époque.

Mais il y a plus ; dans ce tas, il y a également des galets intacts ; on ne les distingue pas dès l'abord des autres, il faut les palper, les retourner pour les en séparer ; ils ont été trouvés en même temps que les premiers, dans le même endroit ; ils étaient, à n'en pas douter, contenus dans le même sac d'un de nos ancêtres préhistoriques.

Il est incontestable que ces derniers recherchaient dans les cours d'eau, les fonds des vallées, les dépôts quaternaires, les galets qui se rapprochaient le plus, par leur forme, du facies typique de la hache néolithique ; ils les mettaient en réserve ; peut-être même, dans nos régions de l'Ouest, allaient-ils s'approvisionner également, dans les cordons littoreaux, de galets des rives de l'Océan. Puis, quand ils trouvaient une roche qui leur paraissait propre à faire un polissoir, ils s'installaient et, avec une poignée de sable et de l'eau, ils terminaient l'œuvre de la Nature, en donnant à la pierre sa forme définitive.

Cette manière de procéder semble indiquer que nos ancêtres étaient plus préoccupés du côté pratique des choses que du côté artistique.

En tous les cas, voilà pourquoi nous trouvons des haches, des polissoirs, et pas d'éclats de taille.

M. Aug. Poulain, S. J., sous-directeur aux Internats des Facultés Catholiques d'Angers :

Recherches sur la nouvelle géométrie du triangle [1]

I

Soit un triangle de référence ABC et M, un point quelconque dont les coordonnées barycentriques [2] sont α, β, γ. Si on permute ces trois coordonnées, ou seulement deux d'entre elles, on obtient cinq nouveaux points, qui forment avec M le tableau suivant :

$$
\begin{array}{ll}
M \ (\alpha, \beta, \gamma) & M_a \ (\alpha, \gamma, \beta) \\
M' \ (\beta, \gamma, \alpha) & M_b \ (\gamma, \beta, \alpha) \\
M'' \ (\gamma, \alpha, \beta) & M_c \ (\beta, \alpha, \gamma)
\end{array}
$$

On sait que M' et M'' sont appelés les *isobariques* de M et que M_a, M_b, M_c sont les *semi-réciproques*. On voit que M_b est le premier isobarique de M_a et que le second

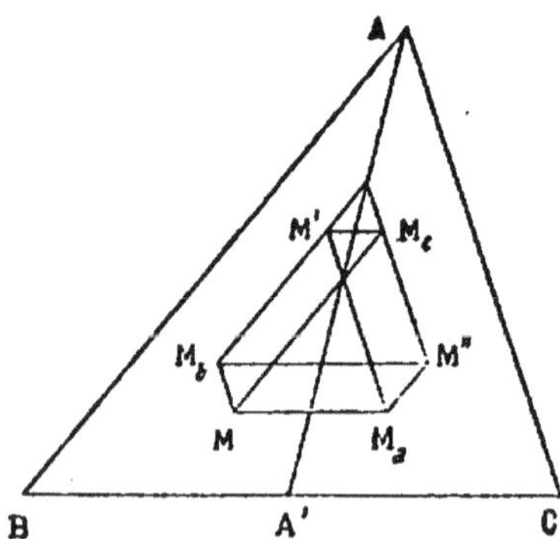

---

[1] Pour les citations, les abréviations J. S., J. E., G. T. désigneront le *Journal de Mathématiques spéciales et élémentaires* de M. de Longchamps (chez Delagrave) et les *Principes de la Nouvelle géométrie du triangle* que j'ai publiés chez Croville-Morant (1890).

[2] On appelle ainsi les trois poids positifs ou négatifs qu'il faut appliquer aux sommets pour que M soit leur centre de gravité.

est M_c. Rappelons enfin que M et M_a sont sur une même parallèle au côté BC et que les transversales angulaires AM, AM_a coupent isotomiquement BC, c'est-à-dire à des distances égales de ses extrémités, de sorte que le milieu de MM_a est situé sur la médiane AA'. Les deux autres couples de points (M', M_b), M'', M_c) jouissent de la même propriété.

Voici quelques proportions nouvelles :

1º *Les six points sont situés sur une conique.*

En effet, on peut mener une conique par les cinq premiers. Elle a la médiane AA' comme diamètre, puisque AA' passe par les milieux des cordes MM_a, $M'M_c$. Dès lors, elle renferme le milieu de la corde parallèle menée par M'' et ainsi la seconde extrémité de cette corde ne peut être que M_b.

2º Par suite, *la conique a pour centre l'intersection* G *des trois médianes.*

3º *Elle est homothétique à l'ellipse de Steiner,* c'est-à-dire à l'ellipse de centre G, circonscrite au triangle ABC.

En effet, cette dernière a les médianes comme diamètres des cordes parallèles aux côtés du triangle. Or, deux coniques sont homothétiques quand elles ont deux systèmes de diamètres conjugués parallèles [1].

---

[1] Car si nous les rapportons à un même diamètre, leurs équations cartésiennes sont de la forme

$$y^2 + ax^2 + 2bx + c = 0 \quad , \quad y^2 + a'x^2 + 2b'x + c' = 0.$$

Les diamètres relatifs à une seconde direction m sont

$$ax + b + my = 0 \quad , \quad a'x + b' + my = 0.$$

Pour qu'ils soient parallèles, il faut $a = a'$. Dès lors, les deux coniques ont mêmes termes du second degré et ainsi sont homothétiques.

4° Pour la même raison, *elle est homothétique à l'ellipse de centre G, inscrite dans le triangle.*

Car celle-ci est tangente aux pieds des médianes.

5° *Elle est aussi homothétique à l'ellipse imaginaire.*

$$\alpha^2 + \beta^2 + \gamma^2 = o.$$

Car celle-ci a encore les médianes pour diamètre. En effet, son centre est G et, si on la coupe par le côté $\alpha = o$, on trouve, pour les deux rapports de partage de BC, les valeurs i et $-i = \frac{1}{i}$. Donc les intersections sont isotomiques.

6° Dès lors, *cette ellipse a une équation de la forme*

$$\Sigma \alpha^2 + \lambda \Sigma \beta\gamma = o,$$

où λ est un facteur constant.

En effet, cette équation représente une conique de centre G. Elle est homothétique aux coniques ci-dessus, comme passant par leurs intersections, qui sont des points à l'infini. Et il reste un paramètre λ pour imposer une cinquième condition à cette conique.

De même, on peut prendre l'équation sous la forme

$$(\alpha + \beta + \gamma)^2 + \mu \Sigma \beta\gamma = o.$$

7° Les axes de ces coniques ont des directions remarquables étudiées par M. Neuberg[1]. Il a montré, par exemple, qu'elles sont les mêmes que celles des asymptotes de l hyperbole des neuf points (ou hyperbole de Kiepert). Mais on peut déterminer directement ces directions, en appliquant les théorèmes ci-dessus à un cas particulier. Supposons que M soit le point de Lemoine K (a^2, b^2, c^2). Ses trois semi-réciproques, $K_a, \ldots$ sont les sommets du premier triangle de Brocard ; et ces quatre points sont

---

[1] *Congrès de l'Association française pour l'avancement des sciences,* 1889.

situés sur un même cercle, celui de Brocard. Dès lors, les axes de la conique sont parallèles aux bissectrices de deux cordes communes à la conique et au cercle. *Ces bissectrices sont donc celles d'un couple de côtés opposés dans le quadrangle* $KK_aK_bK_c$.

II

Plus généralement, considérons six nouveaux points N, N', N″, N_a, ..., déduits de M, M', ..., en ajoutant une quantité l à toutes les premières coordonnées; m, aux secondes, et n, aux troisièmes. Ces points jouissent des mêmes propriétés que les autres, sauf qu'il n'y a plus de céviennes isotomiques.

En effet, N, ... sont homothétiques de M, ... par rapport au point P (l, m, n). Car, en vertu de formules connues [1], ils partagent, dans le même rapport, les vecteurs menés par P aux six points M, ... Dès lors :

1° N, ... *sont situés deux à deux sur des parallèles aux côtés ;*

2° En d'autres termes, *les deux triangles* NN″N', $N_aN_bN_c$ *sont triplement homologiques ; et les trois pôles d'homologie sont situés à l'infini sur les côtés de* ABC ;

3° *Les trois axes d'homologie sont des parallèles aux trois médianes de* ABC. Car, pour les triangles MM″M', $M_aM_bM_c$, on voyait, par des considérations de lignes proportionnelles, que ces axes étaient les médianes elles-mêmes. On a donc, pour les transformés des triangles, des axes qui sont les transformés des médianes, c'est-à-dire des parallèles ;

[1] G. T., p. 21.

4° *Les six points* N, ... *sont situés sur une ellipse homothétique de celle de Steiner,* comme transformés homothétiques de six points jouissant de cette propriété.

III

Supposons qu'un point Q soit donné, non plus par ses coordonnées barycentriques, mais par ses coordonnées surlatérales [1], c'est-à-dire par les trois angles x, y, z sous lesquels on voit, de Q, les trois côtés du triangle ABC. Supposons, de plus, que Q', Q'', Q_a, ... s'obtiennent en permutant ces angles. Je me propose d'examiner maintenant ce nouveau groupe de six points.

1° *Les réciproques des six points se trouvent sur une ellipse homothétique à celle de Steiner.*

En effet, les coordonnées barycentriques de Q ont pour valeur :

$$\alpha : \beta : \gamma = \frac{1}{\cot x - \cot A} : \dots : \dots$$

Son réciproque est $[(\cot x - \cot A), (\cot y - \cot B), \dots]$; et les autres réciproques s'obtiennent en permutant les lettres x, y, z, sans permuter A, B, C. On a donc six points de l'espèce de N, N', N'', ... Ils jouissent donc des propriétés de ces points. Dès lors, *on trouve encore des triangles homologiques.*

2° *Les inverses des six points sont situés sur une conique passant par deux points fixes. On a encore deux triangles triplement homologiques.*

---

[1] G. T., p 3o ; J. E., 1891, pp. 35, 52. J'ai donné, dans ce dernier journal, toutes les formules fondamentales de ce système de coordonnées.

En effet, soit $(\alpha', \beta', \gamma')$ l'inverse d'un de ces points ; (α, β, γ) son réciproque. On a

$$\alpha' = a^2\alpha, \ldots ; \text{ d'où } \alpha = \frac{\alpha'}{a^2}$$

Par conséquent, on passe des équations entre α, β, γ à celles entre α', β', γ' en divisant les coordonnées par a^2, b^2, c^2. Cette transformation, étant linéaire, donne encore des coniques et des relations d'homologie et, plus généralement, elle conserve toutes les propriétés projectives.

De la sorte, les coniques n'ont plus G pour centre.

Leur équation est de la forme

$$\Sigma a^2\beta'\gamma' + \lambda \left(\frac{\alpha'}{a^2} + \frac{\beta'}{b^2} + \frac{\gamma'}{c^2}\right)^2.$$

Elles sont donc bitangentes au cercle ABC, aux points de rencontre avec la droite de Lemoine [1]

$$\frac{\alpha}{a^2} + \frac{\beta}{b^2} + \frac{\gamma}{c^2} = 0.$$

Puisqu'elles ont ainsi cette droite double comme corde commune avec un cercle, un de leurs axes est perpendiculaire sur le milieu de cette corde.

Le centre d'homologie qui, pour les points d'espèce N, était à l'infini sur le côté BC, vient se placer à l'intersection de BC avec la transformée de la droite de l'infini, c'est-à-dire avec la droite de Lemoine. Et de même, pour les deux autres pôles d'homologie.

Les axes d'homologie deviennent parallèles aux transformées des médianes, c'est-à-dire à $\frac{\beta}{b^2} = \frac{\gamma}{c^2}$, ..., qui sont les réciproques des symédianes.

[1] G. T., p. 18.

M. l'abbé Hy :

Hybrides spontanés du genre Rosa
aux environs d'Angers

Un des problèmes qui, dans la pratique, embarrasse le plus les naturalistes est celui de la distinction des espèces. Prenons-le sous sa forme la plus simple et considérons les solutions qu'il comporte sans les discuter, faute de temps.

Soient deux types, A et B, rattachés entre eux par une série d'intermédiaires formant une chaîne continue.

1º Les botanistes réducteurs disent : Le seul fait des transitions insaisibles montre que, malgré la diversité des types extrêmes A et B, tout l'ensemble doit être compris dans la même espèce polymorphe. Ils n'osent pas couper le ruban, suivant l'heureuse expression de Thuret.

2º Les partisans de l'école multiplicatrice n'hésitent pas devant cette opération ; non seulement ils coupent le ruban, mais ils le morcèlent à l'infini. Pour eux, la série des intermédiaires entre A et B cache autant de petites espèces méconnues, « affines, disait Jordan », ayant le même droit d'être distinguées, la même autonomie que les autres. Telle est l'origine des nombreuses espèces dites litigieuses.

3º Enfin, d'autres naturalistes, qui ne fondent pas la classification uniquement sur les caractères morphologiques, mais tiennent compte encore des données de la physiologie, sont portés à admettre une solution moyenne.

Pour eux, les types A et B peuvent être parfaitement distincts, et les intermédiaires qui les unissent en série continue résultent alors du croisement des types extrêmes.

Ils se gardent, d'ailleurs, d'appliquer cette solution uniforme à tous les cas embarrassants et ne parlent d'hybridité que lorsque certains signes les y autorisent, contrairement à la tendance exagérée des hybridomanes toujours prêts à supposer sans motifs des croisements imaginaires.

Voici quelques indices d'hybridité pour les termes intermédiaires de la série continue :

1° Apparition rare ou accidentelle en compagnie des parents supposés ;

2° Caractères irrégulièrement fusionnés se rapportant en partie à ceux des parents ;

3° Stérilité complète ou fécondité amoindrie ;

4° Postérité variable, ne formant pas une race fixée et permanente par hérédité.

Appliquant ces principes au genre *Rosa*, on est obligé d'y reconnaître l'existence de nombreuses formes hybrides, malgré l'obscurité qui enveloppe l'origine de plusieurs d'entre elles. Ainsi s'explique la multiplicité des prétendues espèces proposées par les descripteurs peu au courant des données physiologiques.

Boreau, qui n'admettait aucun hybride spontané, n'en a évidemment signalé aucun dans nos environs. Voici ceux qu'une étude attentive me porte à y ranger ; ils se peuvent diviser en trois catégories :

1° Les plus nets sont issus du croisement de types acclimatés seulement dans notre région. Je citerai le *R. Duponti* Deseglise, toujours stérile, intermédiaire entre le *R. gallica*, d'introduction gallo-romaine, et le *R. moschata* apporté d'Orient par les croisés. Les deux parents existent d'ailleurs à l'état sub-spontané dans nos environs, le *R. gallica* fort anciennement connu et répandu, le *R. moschata* bien plus rare, dans une haie, près de la Papillaie, route de Pruniers, sous une forme à styles glabres.

2° Le *R. gallica* s'est croisé, en outre, avec la plupart de nos types indigènes : avec le *R. arvensis*, il a formé *R. hybrida* Schleicher, que Boreau désignait sous le nom de *R. silvatica* ; avec une forme de cette même espèce, très remarquable par sa grande vigueur (*R. conspicua* Bor.), il a donné le *R. Borœana* Béraud. Le groupe entier des *R. collinœ* est formé d'hybrides provenant des diverses canines où l'on rencontre toujours une hétéracanthie plus ou moins accusée. Tels sont les *R. macrantha* Desp. et *R. psilophylla* Bor. (*R. transmota* Crépin). Le *R. obtusifolia* Desvaux a fourni de son côté une forme que je rapporte avec *R. Friedlanderiana* Bor., dont un buisson se trouve à Saint-Barthélemy, près de la Moricerie. Le *R. sœpium*, enfin, montre un hybride issu de *R. gallica,* voisin des *R. Klukii* Desv. et *subdola* Deseglise, quoique non identique, et qui se trouve aussi à Saint-Barthélemy, près de Chauffour.

Tous ces hybrides montrent une fertilité très amoindrie ; ils peuvent même devenir complètement stériles, par caducité de leurs fruits, lorsque les conditions climatériques sont défavorables. Le *R. hybrida* n'a même jamais fourni, à ma connaissance, aucune graine fertile.

3° Enfin, les anciennes espèces, proprement spontanées, ont probablement dû se croiser entre elles ; toutefois, les signes d'hybridité sont trop obscurs pour qu'on puisse les indiquer sans réserves. La culture pourra seule amener une solution définitive en montrant comment se comporte leur postérité. Elle établirait notamment si les *R. stylosœ* sont des types autonomes ou issus des *R. arvensis* et *canina* ; si le *R. fœtida* Bastard n'est pas un hybride des *rubiginosa* et *tomentosa*, le *R. tomentilla* des *obtusifolia* et *rubiginosa*, et même le *R. bibracteata* Bastard des *arvensis* et *sempervirens,* etc.

Dans tous les cas, il faudrait rejeter l'hypothèse de l'hybridité si le semis démontrait une vraie fixité dans la descendance de ces plantes.

Muscinées rares ou nouvelles pour l'Anjou

Pleuridium altern. folium Br. Eur. — Saint-Jean-des-Mauvrets.

Gymnostomum tenue Schr. — Bords de l'étang de Cunault.

Fissidens exilis Hedw. — Garennes de Juigné-sur-Loire.

Fissidens rufulus Sch. — Déversoirs de Villevêque et de Seiches.

Pottia minutula Br. Eur. — Pruniers, la Possonnière.

Trichostomum tophaceum Bridel. — Chemin creux, près d'Écharbot.

Barbula Hornschuchiana Schl. — La Meignanne.

Barbula marginata Br. Eur. — Juigné-sur-Loire.

Ptychomitrium polyphyllum Br. Eur. — Dans une tranchée, près d'un passage à niveau du chemin de fer de Segré, avant le Tertre-au-Jau.

Cinclidotus riparius Br. Eur. — Rochers de la Loire, au bas d'Épiré.

Zygodon Forsteri Wils. — Sur un tronc de *Populus nigra*, promenade de la Baumette.

Encalypta streptocarpa Hedw. — Angers, chemin de la Barre.

Physcomitrium eurystomum Sendt. — Étang de Cunault, sur la vase desséchée.

Bryum pallens Sw. — Montreuil-Belfroy.

Bryum pendulum Hornsch. — Sables humides, au bord de la Maine, à Écouflant.

Bryum roseum Schr. — Montreuil-sur-Loir.

Webera annotina Hedw. — Coteaux de Saint-Nicolas.

Atrichum angustatum Br. Eur. — Landes de Soucelles.

Anomodon attenuatus Hart. — Rochers de Mûrs.

Thuidium recognitum Lindberg. — Garennes de Juigné-sur-Loire.

Hypnum subtile Hoffm. — Bords de l'Authion, entre Sainte-Gemmes et les Ponts-de-Cé.

Hypnum plumosum, var. *homomallum* Sch. — Bécon.

Hypnum radicale P. B. — Landes de Seiches.

Hypnum Tommasinii, var. *julaceum* Sch. — Enclos de la Baumette.

Hypnum resupinatum Wils. — Sur un tronc de hêtre, dans la forêt de Chandelais.

Hypnum stramineum Dicks. — Mares de Juigné-sur-Loire.

Hypnum intermedium Lindberg. — Landes de Seiches.

Sphagnum recurvum P. Beauv. — Juigné-sur-Loire.

Sphagnum squarrosum Pers. — Forêt de Brossay, près de la fontaine des Hermites.

Sphagnum rigidum, var. *cyclophyllum* Husnot. — Landes de Soucelles.

Jungermannia minuta Crantz. — Avrillé.

Jungermannia exsecta Schm. — Chaumont, dans un bois de Pins.

Jungermannia Taylori Hook. — Juigné-sur-Loire.

Jungermannia inflata Huds. — Soucelles.

Jungermannia connivens Dicks. — Jugné-sur-Loire.

Jungermannia setacea Web. — La Breille.

Lophocolea Hookeriana Nees. — Garenne de Saint-Nicolas.

Lejeunia inconspicua de Not. — Bouchemaine.

Lejeunia ulicina Nees. — Garenne de Saint-Nicolas.

Madotheca rivularis Dumortier. — Rochers de l'étang Saint-Nicolas.

Fossombronia Dumortieri Lindberg. — Landes de Seiches et de Chaumont.

Fossombronia cristata Lindberg. — Sur la vase desséchée de l'étang Saint-Nicolas.

Aneura palmata Dumortier. Chaumont.

Dilœna Lyellii Dumortier. — Juigné-sur-Loire.

Pellia calycina Nees. — Écouflant.

Riccia nigrella DC. — C. sur les pelouses schisteuses, où il est souvent en compagnie de *R. Bischoffii* Hübn.

Riccia Firmurensis (ined. in herb.). — Mares creusées dans les phyllades du coteau de Frémur. — J'ai communiqué cette plante à M. le Dr Levier, qui doit la décrire.

M. le Dr P. Maisonneuve :

Observations sur une nouvelle espèce de Papillon qui se développe dans une Galle ligneuse, d'origine américaine.

Il y a quelques années, le jardinier de l'Université catholique d'Angers reçut de l'un de ses confrères, directeur des jardins de l'empereur du Brésil, Don Pedro, une petite plante, à l'aspect modeste, de nuance gris de poussière, aux feuilles rares et étroites, d'une vitalité si peu manifeste qu'on aurait pu la croire défunte, n'était la formation de racines adventives sous forme de filaments rappelant assez bien les fils de la cuscute, et disposés en une sorte de chevelu, qui attestaient qu'elle vivait encore. C'était une sorte d'Orchidée, dont j'ignore le nom, comme j'ignore quelle a été sa destinée. Tout ce que je sais de son histoire, c'est qu'après avoir été laissée à l'air libre, accrochée au sommet d'un pieu, dans le jardin botanique de l'Université, elle s'y balança quelques mois au caprice du vent, ne prenant, pour toute nourriture, que les éléments de l'air, apparemment suffisants à entretenir son obscure vitalité. Puis, cédée à un jardinier, je ne sais ce qu'elle est devenue.

Or, entre les filaments radicaux dont je viens de parler, et retenus par eux, se trouvait un petit rameau d'un arbuste épineux rappelant assez bien le prunier sauvage. Cet arbuste avait sans doute servi de support à la plante épiphyte qui, lorsqu'on l'en détacha, en retint une petite branche entre ses racines adventives. Mais, voici le point qui nous intéresse : sur ce rameau se trouvaient des productions singulières qui attirèrent l'attention de notre jardinier, lequel me les apporta.

C'étaient des corps arrondis, qui avaient toute l'apparence de ce qu'on appelle vulgairement des billes de chêne et que les naturalistes désignent sous le nom de *galles*.

Quelle était l'origine de ces formations? Que pouvaient-elles bien renfermer?

Une particularité frappa tout d'abord mon attention. La surface de ces galles était parfaitement lisse et leur forme était bien régulièrement sphérique. Mais toutes, en un point variable, du reste, présentaient une ligne circulaire, très étroite, d'une régularité parfaite, comme exécutée à l'aide d'un compas, laquelle circonscrivait ainsi, de la façon la plus nette, une portion de la surface de la galle sur une étendue de 4 millimètres. A l'aide d'une aiguille, il était facile de détacher la partie ainsi circonscrite, sous la forme d'un opercule admirablement découpé, lequel présentait toute l'épaisseur de la paroi même de la galle à laquelle il appartenait.

On peut comparer, avec beaucoup de justesse, pour la forme et la disposition, cet opercule à la bonde d'un tonneau ; comme celle-ci, il est légèrement conique, son extrémité la plus large se trouvant du côté extérieur.

Si l'on coupe en travers l'une de ces galles, on voit qu'elle est creusée d'une cavité relativement considérable et que ses parois ont à peu près partout la même épaisseur. La galle ayant un diamètre total de 13 millimètres, la cavité en a une de 6 et la paroi est épaisse de 2 à 2 1/2 millimètres.

La cavité centrale est parfaitement régulière, arrondie, lisse, et n'offre d'autre particularité à signaler que la présence d'une fente circulaire extrêmement étroite, qui délimite en dedans la pièce operculaire. De même que toutes les galles que j'ai eues entre les mains avaient sensiblement le même diamètre, de même les opercules avaient tous la même dimension.

Et maintenant, sur quelles parties de l'arbuste se trouvent donc insérées ces galles? Voilà qui n'est pas très facile à décider. Est-ce en un point quelconque du rameau, ou bien est-ce sur un bourgeon? J'avoue n'être pas encore bien fixé à ce sujet. La présence de trachées dans l'épaisseur de la paroi de la galle, que j'ai constatée par l'examen d'une coupe microscopique, est insuffisante pour affirmer qu'elle est formée aux dépens d'un bourgeon. M. Lacaze-Duthiers, dans son beau travail sur les galles des Hyménoptères, ayant montré que des formations de ce genre n'ayant nullement un bourgeon pour point de départ, peuvent présenter des trachées dans leur épaisseur.

Quoi qu'il en soit, nous connaissons maintenant la demeure. Quel en est donc l'habitant ?

Au premier abord, on est porté à croire que ce doit être un de ces insectes de l'ordre des Hyménoptères, riche, entre tous, d'espèces ayant la faculté de produire des formations analogues sur les feuilles, les bourgeons et les tiges des plantes les plus diverses, quelque insecte du groupe des Cynips.

Cependant, vous le savez, les Hyménoptères ne sont pas les seuls gallinsectes que l'on connaisse. Des Diptères, des Hémiptères, un petit nombre de Coléoptères et aussi quelques Acariens et même des Vers (Anguillules) sont capables de donner lieu à des productions analogues.

Pour être fixé sur ce point, il n'y avait qu'à étudier l'animal que la galle renferme.

Or, les quelques galles que j'ai eues à ma disposition étaient toutes intactes, toutes munies de leur opercule en place et, par conséquent, j'étais bien assuré qu'elles contenaient encore leur habitant. En effet, dans chacune d'elles je trouvai un petit être dont l'examen minutieux ne me laissa aucun doute sur sa nature. Dans toutes les galles que j'ai ouvertes, l'insecte se présentait à l'état de nymphe ; mais tous ses organes extérieurs étaient néanmoins fort reconnaissables : pattes, ailes et antennes pouvaient s'étudier assez facilement, bien que je n'aie eu à ma disposition que des insectes morts ou desséchés. L'insecte avait une longueur, de la tête à l'extrémité de l'abdomen, de 7 millimètres 1/2.

Cet examen me prouva, à n'en pas douter, que j'avais affaire à un Papillon.

Y a-t-il donc des Papillons capables de provoquer la formation de galles à la manière des Cynips ? Cela n'est pas douteux. Mais les galles dues à des Lépidoptères sont, en réalité, fort rares, à ma connaissance, du moins dans notre pays. Peut-être, dans les climats chauds se rencontrent-elles plus communément, l'insecte trouvant, dans cet habitat, un moyen efficace de se soustraire à l'excès de chaleur et aux multiples ennemis qui en veulent à sa vie.

Dans une thèse pour l'agrégation à la Faculté de Médecine de Paris, en 1886, M. le Dr Nabias n'a pu réunir qu'un total de six espèces de Lépidoptères, dont trois françaises, comme provoquant la formation de galles pour y passer les premiers temps de leur existence [1].

Le premier fait connu d'une galle due à un Lépidoptère se rapporte à un petit Papillon du groupe des Tinéides et a été publié par Réaumur (t. III, Mém. XII). Cet admirable observateur reçut de l'île de Chypre quelques rameaux d'une petite plante basse, herbacée, appartenant à la famille des Staticées, qu'il appelle le *Limonium*, et qui appartient aujourd'hui au genre *Limoniastrum*. Sur les rameaux se trouvaient des galles renfermant une véritable chenille ou même un papillon à peu près déjà formé : « Ces observations, tout imparfaites qu'elles sont, écrit Réaumur, suffisent pour nous apprendre qu'il y a de véritables chenilles qui occasionnent la production de fort grosses galles, dans lesquelles elles se transforment en papillons. »

En 1847, un savant lépidoptérologiste, Guénée, reçut

---

[1] Ces espèces sont les suivantes :
Cochilus Hilarana, sur *Artemisia campestris* ;
Alucita grammodactyla, sur *Scabiosa suaveolens* ;
Gelechia cauligenella, sur *Silene nutans* ;
Grapholita servillana, sur le Saule daphnoïde des bords de la Baltique.
Grapholita sp.? sur *Tamaris articulata*.
Gelechia sinaica, sur *Tamaris gallica*.

d'Algérie, d'un médecin inspecteur du service de santé de l'armée d'Afrique, le docteur Guyon, quelques-unes de ces mêmes galles, récoltées dans le voisinage de Biskra. M. Laboulbène, quelque temps après, attira l'attention sur le même fait. Enfin, en 1868, M. Guénée reprit à nouveau ce sujet, obtint des éclosions de l'insecte qui passait les premiers temps de sa vie dans cette galle et put en faire une étude complète, qu'il publia dans les *Annales de la Société entomologique de France,* en 1870.

D'après ce savant, la galle se développe autour de l'œuf ; la chenille y éclot, y passe toute sa vie, s'y métamorphose et ne la quitte que sous la forme de papillon. Mais, comment un insecte aussi fragile qu'un papillon pourra-t-il franchir les murs de sa prison hermétiquement close ? Il n'a ni tarière, ni cisailles, pour ouvrir un passage à travers l'épaisse et dure paroi de sa maison. La chenille y pourvoit : avant de se métamorphoser, à l'aide de ses mâchoires cornées, elle découpe dans cette paroi un trou circulaire, qui reste béant et qui donnera passage au papillon fraîchement formé et dont les tissus, encore mous et compressibles, lui permettent de franchir sans dommage cet étroit défilé. Le conduit de sortie préparé, la chenille se tisse un fin cocon de soie, doux et souple berceau, dans lequel elle attendra le moment de sa transformation. Le nid soyeux se termine par une sorte de petit goulot dont les bords sont fixés sur ceux de l'orifice de sortie de la galle, de sorte que la voie est toute tracée et que l'insecte ne pourra pas se tromper de chemin.

Guénée donna au papillon de la galle du *Limoniastrum* le nom d'*Œcocecis guyonella.*

Une assez grande analogie existe entre la galle de l'*Œcocecis* et la nôtre. Mais il y a quelques différences importantes à signaler. En vertu d'un merveilleux instinct, la chenille de l'*Œcocecis* perce un trou à l'aide de ses mandibules, afin de préparer la sortie du futur papillon, et, pour accomplir ce travail, elle se comporte comme le ferait un Cynips qui, arrivé à la fin de ses métamorphoses, se fraie un passage à travers les parois de la galle qui a abrité sa jeunesse. Mais, pour notre espèce, il s'agit de bien autre chose ! Ce n'est pas une simple perforation que pratique la chenille ; c'est un opercule qu'elle découpe et laisse en place. Mais comment ? à l'aide de quel instrument l'insecte peut-il accomplir un pareil travail ? Elle doit être singulièrement effilée, délicate et tranchante, la cisaille ou la scie qui sert à mener à bien l'opération. Le découpage est fait avec une merveilleuse régularité, et la portion détachée reste si exactement en place qu'on a peine à comprendre qu'un instrument, si délié soit-il, ait pu passer par là. Et cependant, la paroi tout entière, d'une épaisseur d'environ deux millimètres, a été sciée par l'insecte.

Pour pénétrer ce petit mystère, il faudrait connaître la chenille qui est capable d'accomplir un travail si délicat, étudier les organes qui arment sa bouche et observer à quel moment du développement de la galle se pratique l'opération.

On ne peut guère se refuser à admettre que ce soit au moment où la galle a atteint tout son développement que la chenille accomplit ce travail, car autrement il semblerait impossible que l'opercule, qui se trouve entièrement détaché du reste de la galle, sauf peut-être en un point de l'épiderme, puisse continuer à s'accroître, à mesure que cette galle elle-même augmente de dimension.

Mais, d'un autre côté, à ce moment, la galle est devenue extrêmement dure, formée d'un tissu ligneux très serré, très compact, qui doit opposer une vive résistance aux mandibules de la chenille. Il y a là, n'est-il pas vrai, Messieurs, un petit problème qu'il serait bien intéressant de résoudre, mais dont la solution me semble à peu près impossible à indiquer, pour le moment, vu l'absence de matériaux suffisants.

Je pourrais vous citer une autre espèce de Lépidoptère, voisine des Tordeuses (Tortricides), et qui appartient au même genre que celle dont la chenille vit dans nos pommes et leur mérite le nom de pommes véreuses : c'est le *Carpocapsa Deshaisiana*. Cet insecte se rencontre, comme l'espèce qui fait l'objet de cette communication, également en Amérique et spécialement au Mexique. La chenille habite la graine de diverses plantes de la famille des Euphorbiacées. Elle y vit environ sept mois, pendant lesquels elle en dévore peu à peu le contenu. Quand il n'y a plus rien à grignoter, quand le garde-manger est vide, la chenille se change en nymphe. Mais, avant de s'envelopper du linceul sous lequel va s'accomplir sa métamorphose, elle a le soin de découper dans le tégument de la graine un opercule circulaire qu'elle maintient en place à l'aide de quelques fils de soie. Cette précaution prise, la prévoyante chenille opère sa nymphose. Quand, devenue papillon, elle a retrouvé le mouvement, sous la poussée de l'insecte l'opercule se détache et tombe facilement en ouvrant une issue au petit prisonnier.

Il y a là certainement une grande analogie avec le cas qui nous occupe. Et nous pensons que c'est également dans l'instant qui précède celui où la chenille va se transformer, que notre insecte se met à découper l'opercule dans l'épaisseur des parois de sa prison.

Mais une grande différence existe néanmoins entre les deux cas, au point de vue des difficultés de ce travail préparatoire. Dans le premier cas, une petite incision circulaire très superficielle suffit à détacher une rondelle du mince tégument de la graine ; tandis que dans le second, le travail doit être pratiqué à travers les couches fort dures et épaisses d'une matière ligneuse.

Bien des questions, d'ailleurs, à la solution desquelles je compte m'appliquer par la suite, sont soulevées par l'étude du petit fait biologique que je viens de vous exposer. En voici une entre autres qui doit, avec raison, nous préoccuper.

Quelle est la nourriture de la chenille de notre Papillon, pendant tout le temps qu'elle est renfermée dans cette épaisse enveloppe ? Au premier abord on est sans doute porté à penser que c'est la paroi de sa prison qu'elle dévore. Mais ne se nourrit-elle pas plutôt de sucs qui suinteraient à travers cette paroi ? Si c'est cette dernière, qui est elle-même rongée, on a quelque peine à comprendre comment la corrosion peut se faire avec une régularité telle que la cavité est parfaitement arrondie et sa paroi admirablement polie.

D'autre part, si la chenille ronge les parties ligneuses qui forment la partie interne de la galle, comment se fait-il que l'on ne trouve pas dans la cavité de celle-ci de résidus appréciables de la digestion de l'insecte, comme me l'a prouvé un attentif examen. Comparez ce fait avec celui qui nous est offert par certaines noisettes qui renferment dans leur intérieur la larve d'un charançon bien connu, du genre *Balaninus*. Malheur, vous le savez, à celui qui d'un coup de dent casse imprudemment la coque du fruit. Sa bouche se remplit d'une poudre noirâtre rappelant par l'aspect de ses grains la poudre de tabac et qui ne sont autre chose que le résidu de la digestion du petit animal.

Notre insecte transforme-t-il donc absolument, en sa propre substance, toute la matière qui passe dans son appareil digestif, et qui serait par conséquent entièrement assimilable? D'après cela, nous sommes autorisés à le croire[1].

Autre fait curieux à signaler. Comment se fait-il que quelque soin que j'aie mis dans mon examen, je n'ai pu trouver la dépouille que toute chenille laisse après elle quand elle se transforme en nymphe? Est-ce qu'ici rien de semblable ne se produit? Et, pendant toute sa vie claustrale, la chenille ne subit-elle pas de mue, à la façon de ses congénères qui vivent à l'air libre? Ou bien ces dépouilles sont-elles dévorées, ce qui est bien possible, par la vorace chenille elle-même? Dans tous les cas, cette explication ne saurait s'appliquer à la mue finale, à celle qui accompagne la nymphose, et dont cependant il m'a été impossible de trouver la moindre trace.

Que de petits mystères, vous le voyez, que de questions cette simple observation est susceptible d'éveiller dans notre esprit! En histoire naturelle, les faits, en apparence les moins importants, sont souvent gros de conséquences; et il arrive parfois que, d'une minime observation biologique on peut s'élever jusqu'à de hautes considérations philosophiques.

Dans tous les cas, il m'a semblé que l'observation que j'ai eu l'honneur de vous faire connaître était de nature à intéresser les membres de ce Congrès ; et j'ai pensé qu'en posant devant vous quelques-uns des problèmes qu'elle a suscités dans mon esprit, je trouverais en vous, Messieurs, un précieux secours pour m'aider à les *résoudre*.

---

[1] Semblable observation a d'ailleurs été déjà faite par M. Lacaze-Duthiers à propos des larves de Cynips et, avant lui, par les auteurs de l'*Encyclopédie méthodique*.

M. l'abbé Davy, curé de Fougeré :

Observations sur les Coucous de la Faune de Maine-et-Loire

MESSIEURS,

Sollicité à prendre la parole au sein de ce Congrès scientifique, sur la demande de M. le Dr Maisonneuve, président de l'honorable Société, j'ai cru devoir attirer votre attention sur un sujet d'Ornithologie, intitulé : *Observations sur les Coucous de la Faune de Maine-et-Loire.*

Cette famille de Grimpeurs, Messieurs, a toujours été enveloppée de voiles mystérieux, et l'étude en a toujours été difficile, pour deux raisons. D'abord, parce que ces volatiles n'arrivent dans nos régions qu'en avril, après la clôture de la chasse ; ensuite, parce que ces oiseaux, ne construisant pas de nid, confient leur progéniture à des soins étrangers. De là, difficulté extrême de suivre le coucou dans son évolution et ses livrées diverses, depuis le berceau jusqu'à l'âge adulte.

Après cette considération, j'aborde ma thèse : Y a-t-il dans les coucous qui visitent nos contrées et même l'Europe entière, deux espèces de coucous : le gris (*Cuculus canorus*) de Linné, et le roux (*Cuculus hepaticus*) de Temminck ? — Oui, c'est ma conviction. Après vingt années d'expériences et d'observations sérieuses et les 70 sujets environ que j'ai reçus ou tués et préparés, je maintiens qu'il y a bien deux espèces de coucou, différentes par la taille, par la forme du bec, par la couleur et par tout leur ensemble, jusqu'à preuves contraires.

L'espèce, a défini Cuvier, dans son *Introduction au règne animal,* tome I, c'est la réunion des individus descendus l'un de l'autre, ou de parents communs, et des individus qui leur ressemblent, autant qu'ils se ressemblent entre eux. Tous les ornithologistes et les naturalistes-préparateurs sont d'avis qu'il y a bien deux couleurs très distinctes dans les coucous adultes, ceux qui sont tués dès leur arrivée dans notre pays; tous, également, ont constaté que ceux qui revêtent la couleur rousse sont de taille plus élégante, plus svelte que le gris. Cela est hors de doute; mais tous les amateurs ne s'accordent pas sur les sexes de l'animal. Ainsi Gmélin, Brisson considèrent le coucou roux comme une variété; Meyer et Vieillot, comme la femelle du coucou gris. Or, ces divers opinions sont fausses, attendu que l'autopsie nous montre des mâles et des femelles dans chaque couleur. Temminck regarde le coucou roux comme le mâle et la femelle du coucou gris, à l'âge d'un an. *Ex. :* Coucou roux, jeune dans le nid.

Or, Messieurs, ce jeune coucou que j'ai trouvé en 1892, dans un nid d'Accenteur-Mouchet (*Accentor modularis*) et que je viens soumettre à votre inspection, me semble être le meilleur argument pour condamner ce dernier auteur; car tout jeune encore, il revêt déjà, par voie d'hérédité, la livrée rousse de ses parents.

MM. Deglaud et Gerbe, dans l'*Ornithologie euro-péenne*, ne reconnaissent que le *Cuculus canorus*, et à l'article *Observations*, disent que le *Cuculus hepaticus* des auteurs est un jeune dans sa seconde année. Toutefois, M. de Selys-Lonchamps fait observer qu'un coucou, qu'il a élevé en captivité, a pris, avant l'âge d'un an, la livrée des adultes, sans passer par le plumage roux.

Le savant Millet de la Turtaudière, tout en faisant une description, très exacte par ailleurs, d'un coucou roux tué en mai, ne le regarde que comme une race particulière

du gris, en disant qu'il ne peut avoir de rapport qu'avec
le jeune coucou gris ; et l'honorable abbé Vincelot, sans
se prononcer et en inclinant pour la variété, ajoute que
ceux qui soutiennent l'opinion contraire devraient montrer des sujets roux n'ayant pas encore revêtu la livrée
complète d'adulte. On ne voit, ajoute-t-il, ces sujets, ni
dans les musées, ni dans les collections particulières, et
cependant, ils devraient être très communs, à cause du
grand nombre de coucous qui existent dans toutes les
contrées de l'univers.

L'étude de l'histoire naturelle, Messieurs, n'est pas
une étude de cabinet, mais bien une série d'observations
et d'expériences faites dans la campagne, sur la nature
elle-même. Rien n'est plus brutal qu'un fait, mais aussi
rien n'est plus éloquent. Eh bien, voici les deux sujets en
comparaison : un sujet jeune, roux, et ses parents en
livrée d'adulte ; et l'autre gris, jeune ; le même plus âgé
(tué en août) et qui, après la première mue, sera ce gris
cendré en livrée d'adulte. Ma conviction, je le répète, est
donc qu'il y a bien deux espèces de coucou en Anjou,
espèces distinctes par la taille, par la force du bec et
des pattes, et par les nuances si différentes. Par ailleurs,
c'est une loi physique, naturelle que les caractères des
parents se transmettent par voie d'hérédité, aux enfants ;
ce jeune coucou, ici devant vous, si différent de couleur
de cet autre jeune, partage déjà en grande partie les
caractères et les dispositions de couleurs de ses parents
adultes, mâle et femelle, en livrée rousse également. Et,
en examinant plus minutieusement, l'extrémité de chaque
plume est terminée par une tache rousse, tandis que dans
les autres sujets, la tache rousse est au centre de chaque
plume qui est terminée de blanc. Quant au point de vue
anatomique, je n'ai aucune particularité à signaler, et j'ai

constaté mainte et mainte fois que la nourriture est la même pour tous les coucous.

De la distinction de ces deux espèces, faut-il en bannir désormais les variétés, assez communes dans le plumage? — Non, Messieurs, la polygamie, si connue dans ces oiseaux, entraîne forcément la variété. C'est ainsi qu'au printemps, à l'époque des amours, j'ai observé souvent les deux espèces de coucous, de couleurs différentes, se poursuivre et, dès lors, il n'y aurait rien d'extraordinaire que le produit de cet accouplement donnât naissance à des *métis*, ayant à la fois les caractères du gris et du roux, jusqu'à la première mue seulement.

Mais l'accouplement des deux sexes de la même couleur donnera naissance à un sujet revêtant déjà, dès son bas âge, les caractères de ses parents. C'est logique et tout naturel.

Mais, on pourra peut-être m'objecter : La plupart des coucous, victimes de l'adresse du chasseur, sont des gris et les roux ne sont que des exceptions ! C'est que l'*hepaticus*, le roux, est plus rare que le *canorus*, le gris. Ainsi, sur 70 sujets environ qui me sont passés par les mains, je n'en n'ai trouvé qu'une quinzaine en livrée rousse. Entre autres, les premiers jours de septembre de l'année 1885, à Aïn-Draham, au centre de la Kroumirie, j'ai tué un coucou roux et, suivant toutes les apparences, un jeune de l'année. Il faut noter que c'est l'époque de l'émigration de ces grimpeurs pour des régions plus chaudes ; c'est donc au moment de son passage qu'il a été victime de mon coup de fusil.

Comme conclusion, Messieurs, le coucou roux ne serait pas simplement une variété, car une variété qui se perpétue toujours de la même manière, avec des teintes si différentes du type primitif, ressemble bien à une espèce.

L'accouplement des deux sexes du coucou roux donnera
toujours un produit partageant les caractères du père et
de la mère, la taille, la force du bec, la couleur, etc.

Il me reste maintenant à vous remercier, Messieurs, de
la bienveillante attention que vous avez bien voulu m'accorder dans l'exposé des observations et des expériences
ornithologiques de votre humble serviteur, qui sera toujours un ami des sciences naturelles.

M. E. Nicollon :

Note extraite de l' « Étude de la Question Pêche ». Rapport que celle-ci peut avoir avec l'hygiène de l'alimentation et la propagation de certaines maladies.

A différentes reprises, le public a été douloureusement
impressionné par les récits des journaux relatant l'histoire
de familles entières empoisonnées par l'ingestion de poissons, homards, langoustes, etc.

Dans ces lamentables histoires, on n'a pu jusqu'ici
établir d'une façon bien catégorique les causes de ces
empoisonnements et établir à qui en incombait la responsabilité.

Presque toujours le marchand ayant livré ces poissons,
homards, langoustes, etc., etc., est poursuivi. Est-il bien
le seul coupable ?

La petite note que nous soumettons à votre appréciation, quoique bien incomplète, viendra, nous l'espérons
du moins, jeter un nouveau jour sur cette question si

importante de la pêche au point de vue de l'hygiène de l'alimentation.

Ce que le public ignore et ce dont il ne peut se rendre compte, ce sont toutes ces manipulations qui se passent, entre le moment où le poisson est pris et celui où il est consommé.

Disons d'abord que les conditions dans lesquelles se fait actuellement la pêche entraînent de plus en plus les pêcheurs à prolonger la durée de leur séjour à la mer, prolongation qui leur est encore facilitée par l'emploi de la glace ; mais nous ne voulons pas ici entrer dans des détails qui nous entraîneraient trop loin dans cette question si intéressante de la pêche, si peu connue, même des personnes qui s'en occupent le plus.

Pour simplifier, nous nous contenterons de suivre de l'île de Groix un grand bateau chalutier d'un de nos ports de pêche, soit Port-Louis, Quiberon, le Croisic, les Sables ou La Rochelle, etc., etc.

Ce bateau, avant son départ, s'approvisionnera d'une quantité de glace qui varie de 400 à 800, 1.000 et parfois 1.200 kilos de glace, suivant les localités et la force des bateaux.

Le temps moyen de pêche varie avec les saisons, les parages fréquentés, la force et l'orientation des vents, mais la moyenne de ce temps est de six à dix jours ; certains, suivant les circonstances, restent jusqu'à douze ou quinze jours à la mer.

Le poisson capturé est généralement glacé au fur et à mesure, pour prolonger sa conservation.

Ce glaçage, très fréquemment, est fait dans de mauvaises conditions, soit que le poisson ne soit pas vidé aussitôt sa capture, soit qu'il ne soit pas glacé immédiatement ou encore pour d'autres causes, comme le mauvais état des glacières, le tassement qui s'y produit par la quantité de poissons qui s'y trouvent empilés et, bien souvent le peu de glace employé.

Rarement ce poisson, pour une raison ou pour une autre, est vendu le jour de son arrivée. C'est presque toujours le lendemain, qu'après avoir été déglacé par le pêcheur, il est lavé, parfois avec quelle eau? Nous avons vu fréquemment les pêcheurs prendre cette eau infecte qui croupit à marée basse dans certains ports de pêche et s'en servir pour laver leur poisson (heureux encore quand il n'y a pas de bouches d'égout en communication directe avec ces flaques d'eau!), ensuite étalé, à la criée, sur les tables de vente, où il reste un temps plus ou moins long, jusqu'à ce qu'il soit acheté par l'expéditeur. Souvent même, dans cet intervalle de temps, le pêcheur, pour donner à son poisson glacé un vernis factice, le lave encore.

Ce poisson, une fois acheté par l'expéditeur, est relavé et glacé à nouveau pour être expédié.

A son arrivée sur les marchés, il est encore relavé et, parfois, expédié dans d'autres localités, avec un autre glaçage.

Voilà journellement le poisson qui va être vendu comme frais et qui a couramment, suivant les cas, huit, dix, douze et même seize jours, quand il est expédié au loin. Avec cela, trois ou quatre lavages et autant de glaçages. Et avec quelle eau !

Mais ce n'est pas tout, et c'est ici que nous désirons, avec raison, nous le croyons du moins, attirer l'attention des hygiénistes qui, très souvent, sont déroutés par la spontanéité avec laquelle certaines maladies se déclarent et se propagent.

Nous avons dit que les pêcheurs se servaient de glace pour la conservation du poisson.

La glace qu'ils emploient peut se ranger en deux catégories :

1° La glace artificielle ;

2° La glace naturelle.

La première, fournie par l'industrie, peut être pour nous irréprochable lorsqu'elle est faite avec de l'eau distillée et, par là même stérilisée, pourvu que l'on prenne toutes les précautions nécessaires pour éviter les causes d'infection. C'est aujourd'hui, heureusement, celle qui tend à se généraliser de plus en plus dans la pêche. Mais ce que nous voulons blâmer, c'est l'emploi des glaces naturelles. Pour la conservation du poisson, il en est employé de deux sortes :

1° La glace de Norvège ;

2° La glace du pays.

La première est peut-être un peu moins infectée que la seconde, mais son emploi devrait être supprimé si possible, ou tout au moins rigoureusement surveillé.

Quant à celle du pays, que souvent les pêcheurs emploient, mais surtout les expéditeurs, son emploi devrait, dans l'intérêt général, être défendu sans pitié.

Si cette glace était toujours prise dans de grandes masses d'eau se renouvelant sans cesse, loin des habitations, le mal serait peut-être moins grand, mais très fréquemment elle est récoltée dans des ruisseaux et flaques d'eau de quelques centimètres seulement de profondeur, à proximité des habitations, où s'écoule, au su et au vu de tous, entre autres choses, parfois les immondices de toute une localité, le purin des fumiers et, fréquemment même, sont en communication directe avec les étables.

Nous avons vu recueillir de cette glace, destinée à *conserver* le poisson, dans des lavoirs publics de quelques mètres carrés, où l'eau ne se renouvelait pas et où se lavait tout aussi bien le linge des malades que des bien portants, ainsi que dans des ruisseaux et des flaques d'eau qui, en été, étaient de véritables foyers de putréfaction.

Pour les homards, langoustes, etc., l'expédition se fait d'une façon un peu différente, tout en faisant usage de la glace, mais nous avons vu nous-mêmes fréquemment des pêcheurs mettre des paniers à homards ou langoustes le long des quais, à proximité des bouches d'égoûts, directement en communication avec des *fosses d'aisances*.

Sachant combien le poisson se détériore facilement, il n'y a rien d'étonnant que, mis en présence d'éléments aussi actifs et aussi énergiques que ceux dont nous venons d'esquisser la présence, il ne soit souvent l'occasion d'empoisonnements.

L'on sait, d'après les célèbres expériences de Pictet, Yung, Miquell, que la température de la glace ne tue pas tous les microbes, entre autres ceux du choléra, du charbon, de la fièvre typhoïde, de la suppuration, etc.

Il y a là une cause de diffusion de ces maladies, et nous avons la conviction que, sous peu, on établira scientifiquement une véritable relation entre les expéditions de poissons faites dans ces conditions et l'apparition de certaines maladies épidémiques.

Alors on se décidera peut-être à intervenir et peut-être à faire des réformes aboutissant à une inspection plus sérieuse que celle existant actuellement de l'état du poisson livré à la consommation.

M. le Dr Atgier :

Mammalogie comparée

Dispositions normales des mamelles des différents mammifères rencontrées à l'état d'anomalies dans l'espèce humaine.

CHAPITRE PREMIER. — POLYMASTIE

La polymastie est l'existence de mamelles surnuméraires dans l'espèce humaine. Le siège de ces mamelles surnuméraires fait subdiviser la polymastie en p. pectorale, lorsque ces mamelles siègent à la poitrine ; en p. abdominale, à l'abdomen ; pectoro-abdominale, à la poitrine et à l'abdomen tout à la fois ; inguinale, à l'aine ; axillaire, à l'aisselle ; scapulaire, à l'épaule ; vulvaire, à la vulve, etc.

1º *P. pectorale*

Les mamelles pectorales, au nombre de deux, existent chez les sirènes, les chauves-souris, les singes primates, les éléphants, mâles et femelles, etc., etc. ; nous les retrouvons également dans l'espèce humaine ; chez l'homme, elles sont stériles, chez la femme, elles sont fécondes ; tel est, jusqu'à présent, l'état normal dans l'espèce humaine ; mais où l'état normal n'existe plus et où l'anomalie commence, c'est lorsque ces mamelles pectorales dépassent chez nous le nombre deux.

Ces anomalies sont moins fréquentes qu'on ne se l'imagine et si nous allions le torse nu, comme les sauvages, tout le monde en serait convaincu.

Je citerai, à l'appui, le cas signalé par le Dr Testut, de Bordeaux, qui eut lieu d'observer une jeune Bordelaise ayant trois mamelles, fécondes toutes trois.

Blanchard observa également une nourrice ayant trois mamelles, avec cette différence, c'est que la mamelle surnuméraire, au lieu de siéger à droite, comme dans le premier cas, siégeait à gauche ; et enfin le cas observé récemment par M. le Dr Legludic, chez une femme d'Angers, cas semblable au précédent.

J'ai retrouvé cette anomalie six fois chez l'homme trois fois à gauche et trois fois à droite.

Le *Siglo medico* (journal espagnol) rapporte, en 1883, le cas d'une nourrice espagnole qui avait quatre mamelles pectorales fécondes et qui nourrissait son enfant tantôt avec les mamelles normales, tantôt avec les mamelles surnuméraires.

J'ai rencontré un militaire du 137e d'infanterie, en 1885, qui portait quatre mamelles : les deux supplémentaires étaient situées l'une au-dessus, l'autre au-dessous de la mamelle normale droite.

J'ai rencontré depuis un conscrit de l'Indre, en 1894, porteur de quatre mamelles, les deux surnuméraires situées au-dessous des normales.

2° *P. pectoro-abdominale*

Dans ces cas, les mamelles sont situées à la poitrine et à l'abdomen ; nous trouvons cette disposition mammaire normale chez le lion, le tigre, le chien, le chat, le rat, le porc, etc., etc. ; nous le trouvons aussi à l'état d'anomalie dans l'espèce humaine.

Un cas de ce genre est cité par le Dr Percy, médecin militaire sous l'empire, qui observa une vivandière valaque ayant cinq mamelles : les trois supplémentaires étaient sur deux rangs, les deux premières situées au-dessous des mamelles normales, la troisième située sur la ligne médiane, entre le creux épigastrique et l'ombilic.

Un autre cas plus complet fut observé par le Dʳ Gardner, du cap de Bonne-Espérance, chez une jeune mulâtresse qui portait six mamelles. Ces mamelles étaient situées sur deux lignes latérales, au-dessous des mamelles normales, convergeant de haut en bas vers la ligne médiane du corps et formant un angle aigu ayant pour sommet l'ombilic.

Gardner ajoute qu'à chaque accouchement, cette mulâtresse avait quatre ou cinq enfants.

Ici la nature avait proportionné, comme chez les animaux, le nombre des petits au nombre des mamelles.

Chez l'homme, nous avons retrouvé cette disposition mammaire. Un conscrit arrivant au 135ᵉ d'infanterie, en 1891, portait à droite la mamelle normale seule et à gauche deux mamelles surnuméraires, situées sur une ligne oblique allant de la mamelle normale à l'ombilic.

Enfin, le médecin militaire chargé du Conseil de révision de Seine-et-Oise, en 1883, trouva, à Saint-Germain-en-Laye, un conscrit porteur de six mamelles absolument disposées comme celles de la mulâtresse du Cap.

3° P. axillaire

Dans la nature, nous trouvons des animaux ayant leurs mamelles normales situées dans l'aisselle ; telle est la grande roussette de la famille des Cheiroptères et le daman du Cap, de la famille des Pachydermes (Hyracidés).

Cette disposition mammaire à l'état d'anomalie a été observée par le Dʳ Lorrain, professeur à la Faculté de Médecine de Paris, chez une Parisienne qui, outre les mamelles normales, portait une mamelle surnuméraire dans chaque aisselle.

Nous n'avons pas, pour notre part, observé de mamelle complète dans l'aisselle, mais nous avons observé plusieurs fois, dans cette région, un mamelon saillant, pigmenté et du volume d'un mamelon normal, chez la femme et chez l'homme.

4° *P. inguinale*

Certains mammifères portent leurs mamelles dans l'aine; tels sont la vache, la brebis, la biche, la chèvre, la chamelle, etc., etc.

Cette disposition spéciale se retrouve également dans l'espèce humaine.

Le Dr Robert, de Marseille, a observé une nourrice ayant une mamelle féconde à la région supérieure de la cuisse, près du pli de l'aine droite.

Adrien de Jussieu a observé, lui aussi, une nourrice ayant une mamelle surnuméraire féconde dans l'aine gauche.

L'histoire nous rapporte que la mère d'Alexandre Sévère et qu'Anne de Boleyn, femme de Henri VIII, portaient une mamelle surnuméraire inguinale.

Nous avons trouvé, chez l'homme, une fois sur cent, un mamelon saillant et pigmenté dans l'aine.

5° *P. vulvaire*

Les mamelles normales sont situées de chaque côté de la vulve, chez la baleine et divers autres cétacés.

Cette disposition mammaire a été observée à l'état d'anomalie dans l'espèce humaine.

Hartung a rencontré une femme portant une véritable mamelle située sur une des grandes lèvres.

6° P. scapulaire

Chez le porc-épic, les deux mamelles sont situées sur chaque épaule.

Cette disposition a été trouvée chez une femme qui portait une mamelle véritable sur l'épaule, au niveau de l'acromion.

Ainsi donc, les dispositions mammaires les mammifères, si multiples qu'elles soient, se retrouvent toutes à l'état de rareté dans l'espèce humaine ou, pour mieux dire, à l'état d'anomalies.

7° P. dorsale

Le Coy-pou ou myopotame a ses mamelles sur le dos ; cette disposition a été rencontrée chez l'homme.

CHAPITRE II. — POLYTHÉLIE

Après avoir passé en revue les anomalies de la mamelle dans l'espèce humaine, nous allons voir les anomalies du mamelon pris isolément (πολυς plusieurs θηλος mamelon).

La polythélie ou pluralité des mamelons sur une seule mamelle est à l'état normal chez la vache, qui porte à sa mamelle unique quatre mamelons normaux ou tétines et, souvent, un ou deux mamelons surnuméraires ; la polythélie se retrouve aussi chez la brebis, la chèvre, etc.

Witkowski, dans un ouvrage sur la génération humaine, cite une femme qui, à chacune de ses deux mamelles normales, portait plusieurs mamelons.

A sa mamelle droite, elle portait deux mamelons sur une seule rangée.

A sa mamelle gauche, elle portait cinq mamelons, trois au niveau du mamelon normal, sur une rangée, et deux au-dessus, sur une autre rangée.

Nous avons rencontré un turco, en Algérie, qui, sur l'aréole de la mamelle gauche, portait deux mamelons dictincts et de grosseur normale.

CHAPITRE III. — ANOMALIES DIVERSES DES MAMELLES

Il existe bien d'autres anomalies n'ayant rapport ni au nombre ni à la disposition des mamelles :

1° Les Monotrèmes, tels que l'Échidné et l'Ornithorynque ont des mamelles dépourvues de mamelons, elles sont formées de cœcums cylindriques s'ouvrant sur une aréole ovale ; le petit, pour téter, est obligé de faire ventouse avec ses lèvres sur cette aréole.

Nous retrouvons cette absence de mamelon et même l'invagination du mamelon chez certaines femmes qui, pour ce motif, font des nourrices défectueuses, car la succion de l'enfant, dans ces conditions, loin d'être impossible, n'en est pas moins très fatigante, au point qu'elle est presque toujours abandonnée.

2° Les Marsupiaux ont les mamelles recouvertes par un muscle dont les contractions déterminent la sortie du lait, selon la volonté de la mère et non à la guise du petit.

Nous avons observé, à Alger, une nourrice mauresque qui faisait jaillir en tous sens le lait de ses mamelles, à volonté, sans aucune pression, par l'action volontaire du muscle sous-aréolaire, véritable muscle peaucier limité à l'aréole qui, chez elle, avait une puissance anomale et une action semblable au muscle mammaire des Marsupiaux.

Chapitre IV. — Conclusions

Que conclure de ces anomalies bizarres? Dirons-nous, avec certains savants, que ce sont là des cas d'hérédité, d'atavisme, de réversivité? Certains, en disant ces mots, croient avoir tout dit ou prouvé.

Pourront-ils nous prouver qu'il ait existé jadis des races humaines portant six mamelles pectoro-abdominales, ou des mamelles inguinales, axillaires, scapulaires, vulvaires, etc., etc.?

Eh bien! et les mamelles masculines, qu'en diront-ils? Soutiendront-ils qu'elles furent jadis fécondes et qu'elles ne sont qu'un état héréditaire lointain d'un âge d'or où l'enfant était allaité par le père et la mère alternativement?

Aucune preuve ne pouvant nous être donnée, ni pour l'une ni pour l'autre de ces hypothèses, nous conclurons simplement que ce sont là uniquement des cas établissant des traits-d'union entre l'homme et les autres mammifères, au point de vue d'organes similaires et ayant la même destination. « *Natura non facit saltus* » a dit Linné; cet adage dit tout, Linné seul a raison.

Depuis cette étude sur les anomalies mammaires, nous avons eu lieu d'étudier d'autres anomalies, telles que la Polycomie, ou pluralité des chevelures; la Polydactylie, ou pluralité anomale des doigts; toutes les anomalies de passage entre les organes génitaux de l'homme et ceux de la femme, qu'on retrouve toutes à l'état normal à différents âges de l'embryon. De ces études multiples, qu'il serait trop long de décrire ici, nous avons conclu, en formulant une sorte de loi sur les anomalies, ainsi conçue :

« *Toutes les anomalies humaines se retrouvent à l'état normal chez l'embryon ou les espèces inférieures.* »

M. Victor Lac de Bosredon, professeur aux Facultés catholiques d'Angers :

Note sur les sections planes des surfaces

Dans les applications de l'analyse à la géométrie de l'espace, on a souvent à déterminer la section faite dans une surface par un plan donné $Ax + By + Cz = o$. On y arrive facilement en suivant une méthode que je me propose ici de faire connaître.

Cette méthode est fondée sur le problème suivant, dont je vais d'abord indiquer la solution.

Une surface étant rapportée à trois plans de coordonnées rectangulaires, trouver l'équation de cette surface rapportée aux trois plans

(1) $\quad Ax + By + Cz = o \quad A'x + B'y + C'z = o \quad A''x + B''y + C''z = o$

également rectangulaires.

Désignons les nouvelles coordonnées par X, Y, Z, et prenons les plans proposés respectivement pour plans des YZ, ZX et XY.

Comme les nouveaux plans de coordonnées ont pour équations $X = o, Y = o, Z = o$, les polynomes $Ax + By + Cz$, $A'x + B'y + C'z$, $A''x + B''y + C''z$ ne doivent différer de X, Y, Z que par des facteurs constants, de sorte qu'on aura

(2) $\quad Ax + By + Cz = lX \quad A'x + B'y + C'z = mY \quad A''x + B''y + C''z = nZ$

l, m, n étant des constantes.

Il est facile, du reste, de déterminer ces constantes, car les coordonnées X, Y, Z étant perpendiculaires sur les plans donnés, on a

(3) $\quad X = \dfrac{Ax + By + Cz}{\sqrt{A^2 + B^2 + C^2}} \quad Y = \dfrac{A'x + B'y + C'z}{\sqrt{A'^2 + B'^2 + C'^2}} \quad Z = \dfrac{A''x + B''y + C''z}{\sqrt{A''^2 + B''^2 + C''^2}}$

d'où il résulte

$$l = \sqrt{A^2+B^2+C^2} \quad m = \sqrt{A'^2+B'^2+C'^2} \quad n = \sqrt{A''^2+B''^2+C''^2}$$

Si l'on résout les équations (3) par rapport à x, y, z, on obtiendra des formules qui permettront d'opérer la transformation de coordonnées que l'on a en vue. Mais on y arrive plus facilement de la manière suivante.

Les formules générales qui servent à passer d'un système de coordonnées rectangulaires à un autre système de coordonnées rectangulaires sont

$$(4) \quad x = aX + a'Y + a''Z \quad y = bX + b'Y + b''Z \quad z = cX + c'Y + c''Z$$

(a, b, c), (a', b', c'), (a'', b'', c'') désignant les cosinus directeurs des axes X, Y, Z par rapport aux axes primitifs x, y, z. Mais, puisque les axes des X, Y, Z sont perpendiculaires aux plans (1), ces cosinus directeurs sont donnés par les formules

$$(5) \quad \begin{cases} \dfrac{a}{A} = \dfrac{b}{B} = \dfrac{c}{C} = \dfrac{1}{\sqrt{A^2+B^2+C^2}} \\[2mm] \dfrac{a'}{A'} = \dfrac{b'}{B'} = \dfrac{c'}{C'} = \dfrac{1}{\sqrt{A'^2+B'^2+C'^2}} \\[2mm] \dfrac{a''}{A''} = \dfrac{b''}{B''} = \dfrac{c''}{C''} = \dfrac{1}{\sqrt{A''^2+B''^2+C''^2}} \end{cases}$$

En substituant ces valeurs dans les formules (4), on trouve

$$(6) \begin{cases} x = \dfrac{AX}{\sqrt{A^2+B^2+C^2}} + \dfrac{A'Y}{\sqrt{A'^2+B'^2+C'^2}} + \dfrac{A''Z}{\sqrt{A''^2+B''^2+C''^2}} \\[3mm] y = \dfrac{BX}{\sqrt{A^2+B^2+C^2}} + \dfrac{B'Y}{\sqrt{A'^2+B'^2+C'^2}} + \dfrac{B''Z}{\sqrt{A''^2+B''^2+C''^2}} \\[3mm] z = \dfrac{CX}{\sqrt{A^2+B^2+C^2}} + \dfrac{C'Y}{\sqrt{A'^2+B'^2+C'^2}} + \dfrac{C''X}{\sqrt{A''^2+B''^2+C''^2}} \end{cases}$$

Telles sont les formules qui permettront de prendre les trois plans (1) pour nouveaux plans de coordonnées.

Supposons maintenant qu'on donne un seul plan $Ax + By + Cz = o$, et qu'on propose de rapporter la surface à ce plan, pris pour plan des YZ, et à deux autres plans rectangulaires quelconques. On pourra joindre au plan donné $Ax + By + Cz = o$ les deux plans $Bx - Ay = o$ et $Ax + By - \dfrac{A^2 + B^2}{C} z = o$. Car ces trois plans sont rectangulaires deux à deux. Si l'on prend les deux derniers pour plans des ZX et des XY, il faudra faire dans les formules (6) $A' = B \; B' = - A \; C' = o \; A'' = A \; B'' = B \; C'' = - \dfrac{A^2 + B^2}{C}$ et alors ces formules deviendront

$$(7) \begin{cases} x = \dfrac{AX}{\sqrt{A^2+B^2+C^2}} + \dfrac{BY}{\sqrt{A^2+B^2}} + \dfrac{AZ}{\sqrt{A^2+B^2+\left(\dfrac{A^2+B^2}{C}\right)^2}} \\[2em] y = \dfrac{BX}{\sqrt{A^2+B^2+C^2}} + \dfrac{AY}{\sqrt{A^2+B^2}} + \dfrac{BZ}{\sqrt{A^2+B^2+\left(\dfrac{A^2+B^2}{C}\right)^2}} \\[2em] z = \dfrac{CX}{\sqrt{A^2+B^2+C^2}} - \dfrac{\dfrac{A^2+B^2}{C} Z}{\sqrt{A^2+B^2+\left(\dfrac{A^2+B^2}{C}\right)^2}} \end{cases}$$

On peut mettre ces formules sous la forme suivante :

$$(8) \begin{cases} x = \dfrac{AX}{\sqrt{A^2+B^2+C^2}} + \dfrac{BY}{\sqrt{A^2+B^2}} \pm \dfrac{ACZ}{\sqrt{(A^2+B^2)(A^2+B^2+C^2)}} \\[1.5em] y = \dfrac{BX}{\sqrt{A^2+B^2+C^2}} - \dfrac{AY}{\sqrt{A^2+B^2}} \pm \dfrac{BCZ}{\sqrt{(A^2+B^2)(A^2+B^2+C^2)}} \\[1.5em] z = \dfrac{CX}{\sqrt{A^2+B^2+C^2}} \mp \dfrac{(A^2+B^2) Z}{\sqrt{(A^2+B^2)(A^2+B^2+C^2)}} \end{cases}$$

en ayant soin de prendre le signe supérieur ou le signe inférieur, suivant que C sera primitif ou négatif.

Si l'on veut avoir maintenant l'intersection d'une surface par le plan $Ax + By + Cz = o$, il faudra faire $X = o$ dans les formules (8). On obtiendra ainsi les nouvelles formules

$$(9) \begin{cases} x = \dfrac{BY}{\sqrt{A^2+B^2}} \pm \dfrac{ACZ}{\sqrt{(A^2+B^2)(A^2+B^2+C^2)}} \\[1.5em] y = - \dfrac{AY}{\sqrt{A^2+B^2}} \pm \dfrac{BCZ}{\sqrt{(A^2+B^2)(A^2+B^2+C^2)}} \\[1.5em] z = \mp \dfrac{(A^2+B^2) Z}{\sqrt{(A^2+B^2)(A^2+B^2+C^2)}} \end{cases}$$

En substituant les valeurs de x, y, z, fournies par ces formules dans l'équation de la surface, on aura l'équation de la courbe d'intersection rapportée à deux axes rectangulaires tracés dans le plan sécant.

Faisons l'application des formules (6) et (9) à un exemple.

On donne la quadrique

$$(10) \qquad x^2(1 + \lambda) + y^2(1 - \lambda) + z^2(1 - \lambda) + 2\lambda yz = K^2$$

rapportée à trois plans rectangulaires et l'on propose de la rapporter aux trois plans

$$x + y - z = 0 \qquad x + y + 2z = 0 \qquad x - y = 0$$

qui sont également rectangulaires.

Prenons ces plans respectivement pour les plans des YZ, ZX et XY. On aura

$$A = 1 \ \ B = 1 \ \ C = -1 \ \ A' = 1 \ \ B' = 1 \ \ C' = 2 \ \ A'' = 1 \ \ B'' = -1 \ \ C'' = 0$$
$$A^2 + B^2 + C^2 = 3 \qquad A'^2 + B'^2 + C'^2 = 6 \qquad A''^2 + B''^2 + C''^2 = 2$$

et les formules (6) deviendront :

$$\begin{cases} x = \dfrac{X}{\sqrt{3}} + \dfrac{Y}{\sqrt{6}} + \dfrac{Z}{\sqrt{2}} \\[2mm] y = \dfrac{X}{\sqrt{3}} + \dfrac{Y}{\sqrt{6}} - \dfrac{Z}{\sqrt{2}} \\[2mm] z = -\dfrac{X}{\sqrt{3}} + \dfrac{2Y}{\sqrt{6}} \end{cases}$$

Si l'on substitue ces valeurs de x, y, z dans l'équation de la quadrique, on trouve

$$X^2(1 - \lambda) + Y^2 + Z^2 + \lambda\sqrt{2}\,XY + \lambda\sqrt{6} \times 2 = K^2$$

Cherchons maintenant l'équation de la courbe d'intersection de la quadrique (10) par le plan $x + y - z = 0$.

Il faudra, dans les formules (9), faire

$$A = 1 \ \ B = 1 \ \ C = -1 \quad \text{d'où} \quad A^2 + B^2 = 2 \ \ A^2 + B^2 + C^2 = 3$$

et l'on aura

$$\left\{ \begin{array}{l} x = \dfrac{Y}{\sqrt{2}} + \dfrac{Z}{\sqrt{6}} \\[2ex] y = -\dfrac{Y}{\sqrt{2}} + \dfrac{Z}{\sqrt{6}} \\[2ex] z = \dfrac{2Z}{\sqrt{6}} \end{array} \right.$$

En substituant ces valeurs de x, y, z dans l'équation de la quadrique, on trouve

$$Y^2 + Z^2 = K^2$$

La courbe d'intersection est donc un cercle, de sorte que le plan proposé est un plan cyclique.

Je dois faire remarquer que les formules (9) ne sont pas nouvelles. Je les ai obtenues par une méthode tout à fait différente et les ai fait connaître dans un mémoire qui a paru dans les *Nouvelles Annales de mathématiques*. Mais quelques erreurs typographiques se sont glissées dans mon premier travail, et il convient de rectifier ces formules, conformément à cette nouvelle étude.

M. l'abbé F. Lebrun, élève au Grand-Séminaire :

Le Grand Sylvain (Limenitis populi L.) en Anjou

Grâce à la richesse de sa flore, l'Anjou est particulièrement bien doué par le nombre et la variété de ses Lepidoptères. Déjà le nombre respectable de sept cents espèces environ figure sur les catalogues des Papillons, grands et petits, capturés dans le département. Plusieurs espèces semblant exclusivement méridionales y ont été signalées, ce qui a lieu aussi et plus encore peut-être pour les Coléoptères. Aujourd'hui, je voudrais signaler aux amateurs la capture d'une espèce septentrionale : le Grand Sylvain (*Limenitis populi* de Linné). Je l'ai pris il y a plusieurs années déjà, dans la forêt d'Ombrée, vers le mois de juillet. Alors, je ne me doutais pas de la découverte et, après avoir déterminé ce papillon, je le laissai moisir dans mes cartons, lorsque, il y a peu de temps, un amateur très distingué et très compétent en cette partie, M. de Tarlé, m'apprit que ce papillon n'avait pas encore paru en Anjou. Effectivement, aucun catalogue ne le signale. C'est pourquoi, après avoir fait examiner mon papillon et contrôler sa détermination par plusieurs connaisseurs, je viens, sur l'invitation du savant président de la section des sciences naturelles, communiquer aux amateurs ce fait intéressant de géographie entomologique.

M. Maurice Couette, Docteur ès-sciences, Professeur de Physique aux Facultés catholiques d'Angers :

Réflexion et réfraction du son

1. — La présente note a pour objet l'étude théorique de la réflexion et de la réfraction des ondes planes à vibrations longitudinales et, en particulier, la détermination des lois suivant lesquelles le mouvement se partage entre les ondes réfléchie et réfractée. Les résultats qu'elle contient ne se prêtent guère aux vérifications expérimentales, ni aux applications pratiques. Mais notre travail nous a paru présenter un assez grand intérêt d'ordre pédagogique, en préparant l'esprit aux théories plus difficiles de l'optique, par la considération d'un cas plus

simple, dans lequel les propriétés mécaniques des milieux vibrants n'ont rien d'hypothétique. Je me suis astreint à mener de front l'intuition physique des phénomènes avec le développement du calcul. S'il ne s'agissait que d'établir des formules, on pourrait suivre une voie analytique beaucoup plus rapide, et, si l'on veut, plus élégante, en formant, dès le début, l'expression du potentiel des vitesses pour chacun des deux milieux, et en faisant, par l'emploi des imaginaires, rentrer dans une même forme exponentielle, l'expression des ondes persistantes et celle des mouvements amortis.

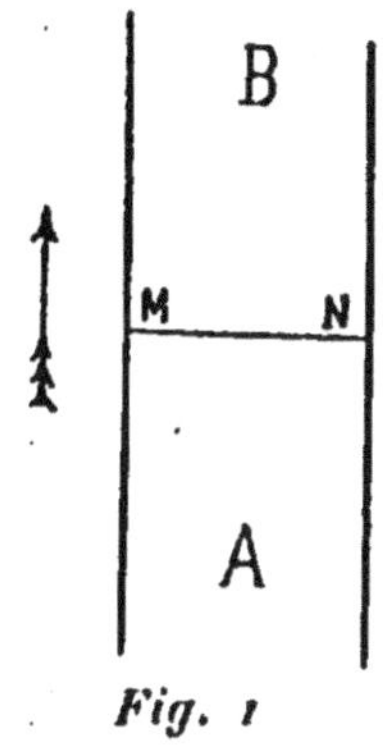

Fig. 1

2. — *Incidence normale.* — Soient deux milieux élastiques différents A et B, constituant deux cylindres de même base, en contact par une section droite MN. L'onde incidente, arrivant du milieu A, donne naissance à une onde réfléchie dans le même milieu et à une onde propagée dans le milieu B. Nous admettons provisoirement cette proposition dont la vérité se trouvera démontrée par la suite. Deux conditions, d'une nécessité évidente, doivent être remplies à la surface de séparation MN : 1° Continuité des élongations (ou des vitesses) ; 2° Continuité des pressions.

3. — Convenons de prendre dans chaque onde pour direction positive de la vitesse vibratoire celle de la propagation. Soient u, u', u'' les vitesses vibratoires respectives dans les ondes incidente, réfléchie et réfractée, au voisinage immédiat de MN et à un même instant quelconque. L'interférence des deux premières ondes établit dans le milieu A, au contact de MN, la vitesse résultante $u-u'$; la vitesse dans B est simplement u''. La condition de continuité des vitesses est donc :

$$u - u' = u'' \qquad (1)$$

4. — Soient a et b les vitesses de propagation dans A et dans B. Les condensations respectives dans les trois ondes au contact de MN sont : $\frac{u}{a}$, $\frac{u'}{a}$, $\frac{u''}{b}$. Les deux premières, relatives au même milieu A, s'ajoutent, et la condensation résultante y est : $\frac{u+u'}{a}$. Soient E_A et E_B les coefficients d'élascité des deux milieux ; la pression dans A au contact de MN est : $\frac{E_A}{a}(u+u')$; la pression dans B est de même : $\frac{E_B}{b}u''$. La condition de continuité des pressions est donc :

$$\frac{E_A}{a}(u + u') = \frac{E_B}{b}u'' \qquad (2)$$

Or la formule de *Newton* donne :

$$a = \sqrt{\frac{E_A}{\rho_A}}$$

ρ_A étant la masse spécifique de A.

Nous poserons :

$$m_{AB} = \frac{E_A}{a} : \frac{E_B}{b} = \frac{\sqrt{E_A\,\rho_A}}{\sqrt{E_B\,\rho_B}} ;$$

Nous appellerons le rapport m_{AB} *indice de partage*, et nous le désignerons simplement par m, quand il n'y aura pas de confusion à craindre. L'équation (2) devient ainsi :

$$m(u + u') = u'' \qquad (3)$$

et en combinant (1) et (3), on a :

$$u' = \frac{1-m}{1+m} u \qquad (4)$$

$$u'' = \frac{2m}{1+m} u \qquad (5)$$

5. — Comptons, dans le présent paragraphe, positivement toutes les grandeurs dans le sens A ⇀ B, prenons, dans le plan MN, l'origine des abscisses x. Donnons-nous arbitrairement la distribution des vitesses dans l'onde incidente :

$$u = \varphi\left(t - \frac{x}{a}\right)$$

Afin de satisfaire à la condition (4) pour $x = o$, et quel que soit t, nous devrons prendre pour l'onde réfléchie

$$u_{1} = (-u') = -\frac{1-m}{1+m}\,\varphi\left(t + \frac{x}{a}\right)$$

et alors la vitesse résultante en un point quelconque du milieu A sera :

$$U = u + u_{1} = \varphi\left(t - \frac{x}{a}\right) - \frac{1-m}{1+m}\,\varphi\left(t + \frac{x}{a}\right) \qquad (6)$$

De même, afin de satisfaire à la condition (5) pour $x = o$ et quel que soit t, nous devrons donner à la vitesse dans l'onde propagée, l'expression :

$$u'' = \frac{2m}{1+m}\,\varphi\left(t - \frac{x}{b}\right) \qquad (7)$$

Les expressions (6) et (7) satisfont à la fois aux équations différentielles posées pour chacun des deux milieux, et aux conditions qui s'imposent à leur surface de séparation ; donc, elles représentent exactement le mouvement du système, ce qui justifie notre point de départ.

6. — Tirons maintenant les conséquences des formules (4) et (5). Le coefficient m est essentiellement positif; donc, d'après la formule (5), au voisinage immédiat de la surface de séparation, la vitesse vibratoire dans l'onde propagée est toujours de même sens que la vitesse dans l'onde incidente. Elle est plus grande que cette dernière quand $m > 1$; en même temps, d'après la formule (4), la vitesse dans l'onde réfléchie est de *signe* contraire, et, par suite de nos conventions, de *sens* identique à celui de la vitesse dans l'onde incidente. On arrive à des conclusions opposées, si $m < 1$. En valeur absolue, u' est toujours plus petite que u; mais u'' peut être plus grande ou plus petite que u, suivant que $m > 1$, ou que $m < 1$.

7. — Pour rendre l'expression de ces résultats plus frappante, nous proposons d'appeler *résistance* d'un milieu la grandeur qui a pour expression $R = \sqrt{E\rho}$. Alors $m > 1$ quand le milieu A est plus résistant que le milieu B; c'est alors que la réflexion se fait sans changement de sens dans la vitesse; elle se fait avec changement de sens, quand le milieu A est moins résistant que le milieu B.

Quand les résistances des deux milieux sont égales, on a : $m = 1$, et, par suite :

$$u' = 0 \qquad\qquad u'' = u \quad ;$$

il n'y a pas d'onde réfléchie, l'onde incidente passe sans altération dans le second milieu.

8. — Examinons comment l'énergie de l'onde incidente se partage entre les ondes réfléchie et propagée. Pour évaluer l'énergie transportée par une onde plane, nous considérerons le milieu où elle se propage comme séparé en deux parties par le plan qui contient les molécules dont l'abscisse d'équilibre est x. L'énergie qui passe,

dans le sens de la propagation, de la première partie du milieu à la seconde, pendant un intervalle de temps déterminé, est égale au travail accompli pendant ce temps par la pression qui s'exerce de la première partie sur la seconde à travers le plan de séparation. Soit p cette pression au temps t par unité de surface ; pendant le temps indéfiniment petit dt, le déplacement du plan est udt, le travail élémentaire par unité de surface, ou, ce qui est la même chose, l'énergie qui traverse l'unité de surface pendant le temps dt, est donc :

$$dW = pudt$$

Mais, puisque la condensation est égale à $\dfrac{u}{a}$, on a :

$$p = E_A \frac{u}{a}$$

et par suite :

$$dW = \frac{E_A}{a} u^2 dt = R_A u^2 dt$$

De l'époque t_0 à l'époque t_1, l'énergie totale qui traverse l'unité de surface est donc :

$$W = R_A \int_{t_0}^{t_1} u^2 dt \qquad (8)$$

9. — Attribuons cette expression (8) à l'énergie qui, du fait de l'onde incidente, traverse un plan situé dans A à une distance indéfiniment petite de MN. L'énergie qui, du fait de l'onde réfléchie, traverse le même plan, en sens contraire, pendant le même intervalle de temps, sera :

$$W' = R_A \int_{t_0}^{t_1} u'^2 dt = R_A \frac{(1-m)^2}{(1+m)^2} \int_{t_0}^{t_1} u^2 dt = \frac{(1-m)^2}{(1+m)^2} W \qquad (9)$$

De même, l'énergie que l'onde propagée fait passer, pendant le même intervalle de temps, à travers un plan situé dans B, et indéfiniment voisin de MN, est :

$$W'' = R_B \int_{t_0}^{t_1} u''^2 dt = R_B \frac{4m^2}{(1+m)^2} \int_{t_0}^{t_1} u^2 dt =$$

$$= \frac{R_B}{R_A} \frac{4m^2}{(m+1)^2} W = \frac{4m}{(1+m)^2} W \qquad (10)$$

Comme vérification : $W' + W'' = W$.

Si les ondes sont périodiques, et, si on prend l'intervalle de temps $t_1 - t_0$ égal à leur période, les énergies W, W' et W'' sont les *intensités*.

10. — D'après leur définition même, les indices de partage satisfont aux deux relations, bien connues pour les indices de réfraction,

$$m_{BA} = \frac{1}{m_{AB}} \qquad\qquad m_{BC} = \frac{m_{AC}}{m_{AB}}$$

D'autre part, les valeurs de W' et de W'', données par les formules (9) et (10) ne changent pas, quand on remplace m par $\frac{1}{m}$. Donc *pour un couple donné de milieux, la loi de partage de l'énergie entre les ondes réfléchie et réfractée est indépendante du sens de la propagation de l'onde incidente.*

Il n'en est pas de même pour les vitesses vibratoires.

11. — *Exemples numériques.* — 1° Prenons pour premier milieu l'hydrogène A, pour second l'oxygène B ; tous deux dans les mêmes conditions de température et de pression. Alors le coefficient d'élasticité est le même pour les deux milieux, et on a :

$$m_{AB} = \sqrt{\frac{\rho_A}{\rho_B}} = \sqrt{\frac{1}{16}} = \frac{1}{4}$$

$$u' = \frac{3}{5} u \qquad\qquad u'' = \frac{2}{5} u$$

$$W' = \frac{9}{25} W \qquad\qquad W'' = \frac{10}{25} W$$

2º Conservons les mêmes milieux, mais renversons le sens de la propagation :

$$m_{BA} = \frac{1}{m_{AB}} = 4$$

$$u' = -\frac{3}{5}\,u \qquad\qquad u'' = \frac{8}{5}\,a$$

$$W' = \frac{9}{25}\,W \qquad\qquad W'' = \frac{16}{25}\,W$$

3º L'eau A et le sulfure de carbone B, à la température de 14°, nous fournissent un cas où l'onde réfléchie manque presque complètement, les résistances des deux milieux étant très voisines l'une de l'autre. En effet, on a, d'après les données que nous avons prises dans le traité de physique de *MM. Jamin et Bouty* (μ désigne le coefficient de compressibilité) :

$$\frac{\rho_B}{\rho_A} = 1,273 \qquad\qquad \frac{E_A}{E_B} = \frac{\mu_B}{\mu_A} = 1,380$$

$$m_{AB} = \frac{R_A}{R_B} = \sqrt{\frac{E_A\,\rho_A}{E_B\,\rho_B}} = \sqrt{\frac{1,380}{1,273}} = 1,041$$

$$u' = -0,020\,u \qquad\qquad u'' = 1,020\,u$$

$$W' = 0,0004\,W \qquad\qquad W'' = 0,9996\,W$$

Ainsi l'onde passe à peu près sans altération de l'eau dans le sulfure de carbone, malgré la grande différence des vitesses de propagation, qui sont à 14° : 1.482 mètres par seconde pour l'eau et 1.120 mètres par seconde pour le sulfure de carbone.

4º Remarquons enfin les deux cas extrêmes $m = o$ et $m = \infty$. Le premier serait réalisé dans un tuyau plein d'air et fermé par un fond rigoureusement fixe ; le second, à l'extrémité d'une verge solide placée dans le vide. Dans les deux cas $u'' = o$, et aussi $W'' = o$; il n'y a donc pas d'onde propagée dans le second milieu. En chacun des points de l'onde réfléchie, la vitesse a toujours la même valeur absolue qu'au point homologue de l'onde incidente ; elle a le même sens si $m = \infty$, car alors $u' = -u$, et le sens contraire si $m = o$, ce qui donne $u' = u$.

12. — *Incidence oblique.* — Jusqu'ici nous n'avons pas eu besoin de préciser l'état physique des milieux ; car les vibrations longitudinales étaient seules possibles dans les conditions où nous étions placés. Maintenant, pour éviter la complication qu'introduiraient les vibrations transversales, nous restreindrons expressément notre étude au cas où les deux milieux sont fluides. Nous les supposerons séparés par un plan et indéfinis dans tous les autres sens ; enfin, nous n'y considérerons que des ondes planes.

Nous admettrons qu'une onde plane incidente donne nais-sance à une onde plane réfléchie et à une onde plane réfrac-

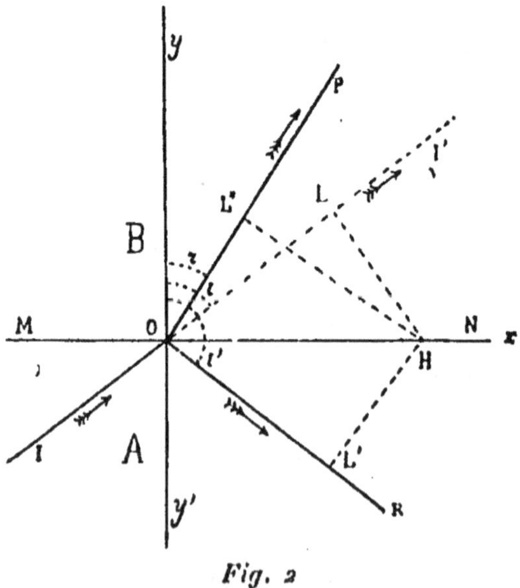

Fig. 2

tée ; et, de plus, que par l'intersection d'un plan d'égale vitesse de l'onde incidente avec le plan de séparation des milieux passent un plan d'égale vitesse de l'onde réfléchie et un plan d'égale vitesse de l'onde réfractée. Par conséquent *(Fig. 2)*, si d'un point O du plan de séparation MN on mène : 1° la normale Oy à ce plan ; 2° la normale IOI' aux plans d'égale vitesse de l'onde incidente ; 3° la normale OR aux plans d'égale vitesse de l'onde réfléchie ; 4° la normale OP aux plans d'égale vitesse de l'onde réfractée, les quatre droite Oy, OI, OR, OP sont dans un même plan. C'est ce plan que nous prenons pour plan de la figure.

13. — Prenons deux axes rectangulaires : Oy, normale à MN dirigé de A vers B, Ox intersection de MN avec le plan de la figure.

Soit *i l'angle d'incidence*, c'est-à-dire l'angle de la direction de propagation OI' du rayon incident IO avec la normale Oy ; — *i″* l'angle yOR, que fait le rayon réfléchi OR avec Oy ; — *r l'angle de réfraction* yOP.

Soient encore u, u', u'' les vitesses moléculaires apportées par les trois ondes au point O, et comptées positivement suivant les directions respectives de propagation.

14. — Il y a deux conditions à remplir tout le long de la surface MN :

1° Continuité des composantes normales de la vitesse, ce qui donne :

$$u \cos i + u' \cos i'' = u'' \cos r \qquad (11)$$

2° Continuité des pressions, exprimée par l'équation :

$$\mathrm{E_A}\, \frac{u}{a} + \mathrm{E_A}\, \frac{u'}{a} = \mathrm{E_B}\, \frac{u''}{b}$$

ou, avec la notation précédemment introduite (4),

$$m\,(u + u') = u'' \qquad (12)$$

Nous ne nous imposons pas la condition de continuité des composantes tangentielles qui serait :

$$u \sin i + u' \sin i' = u'' \sin r$$

parce que nous considérons les deux milieux comme pouvant glisser sans frottement l'un sur l'autre.

Des deux équations (11) et (12) on tire :

$$u' = k'u \qquad u'' = k''u \qquad (13)$$

k' et k'' désignent des coefficients indépendants du temps et constants en tous points du plan MN.

15. — Alors, si au point O on a $u = \varphi(t)$,
on aura aussi : $u' = k' \varphi(t)$
et : $u'' = k'' \varphi(t)$
Et en un point quelconque H pour lequel OH $= x$, on aura :

$$u = \varphi\left(t - \frac{OL}{a}\right) = \varphi\left(t - \frac{x \sin i}{a}\right)$$

$$u' = k'\varphi\left(t - \frac{OL'}{a}\right) = k'\varphi\left(t - \frac{x \sin i'}{a}\right)$$

$$u'' = k''\varphi\left(t - \frac{OL''}{b}\right) = k''\varphi\left(t - \frac{x \sin r}{b}\right)$$

Pour que les relations (13) subsistent quel que soit x, il faut que :

$$\frac{\sin i}{a} = \frac{\sin i'}{a} = \frac{\sin r}{b}$$

Donc : 1° l'angle i', obtus par hypothèse, est le supplément de l'angle aigu i ; en d'autres termes, *l'angle de réflexion y'OR est égal à l'angle d'incidence y'OI.*

2° *Il y a un rapport constant entre le sinus de l'angle d'incidence i et le sinus de l'angle de réfraction r.*

$$\frac{\sin i}{\sin r} = \frac{a}{b} = n_{AB} \qquad (14)$$

Ce rapport est égal à celui des vitesses de propagation, nous le désignerons par n_{AB} (ou simplement n), et nous l'appellerons, suivant l'usage, *indice de réfraction*.

16. — La relation $i' = \pi - i$
simplifie l'équation (11) qui devient :

$$(u - u') \cos i = u'' \cos r \qquad (15)$$

En combinant alors (12) et (15), on trouve :

$$u' = \frac{\cos i - m \cos r}{\cos i + m \cos r} \, u \qquad (16)$$

$$u'' = \frac{2m \cos i}{\cos i + m \cos r} \, u \qquad (17)$$

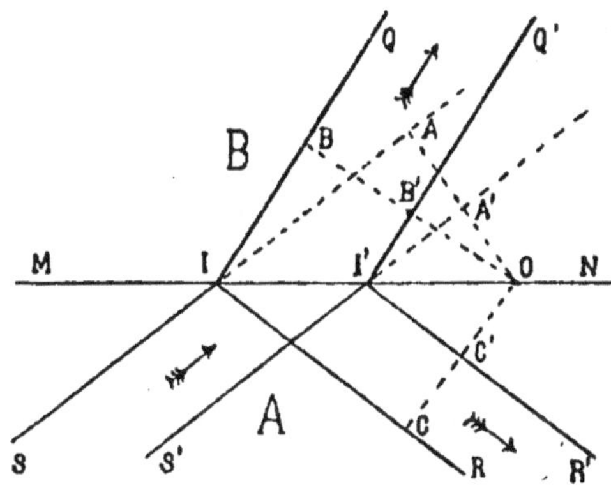

Fig. 3

17. — Considérons *(Fig. 3)* les faisceaux incident SS'II', réfléchi II'RR' et réfracté II'QQ', limités par une même aire II' $= \omega$ prise sur le plan MN. D'un point O quelconque de ce plan, menons des plans OA, OB, OC respectivement perpendiculaires aux trois faisceaux. En chacun des points des deux sections droites, BB', CC' les vitesses moléculaires dans les ondes réfléchie et réfractée ont les mêmes valeurs u' et u'' qu'au point O; et si le premier milieu A se continuait dans la région réellement occupée

par le second B, la vitesse moléculaire apportée par l'onde incidente en chaque point de la section AA' aurait aussi la même valeur u qu'au point o. Entre u, u' et u'', nous avons les relations (16) et (17).

18. — Désignons par W, W', W'' les énergies qui traversent (ou traverseraient) chacune des sections AA', BB', CC' entre les instants t_0 et t_1. Nous aurons :

$$W = R_A \times \text{aire AA}' \times \int_{t_0}^{t_1} u^2 dt = R_A \omega \cos i \int_{t_0}^{t_1} u^2 dt$$

$$W' = R_A \omega \cos i \int_{t_0}^{t_1} u'^2 dt = R_A \omega \cos i \, \frac{(\cos i - m \cos r)^2}{(\cos i + m \cos r)^2} \int_{t_0}^{t_1} u^2 dt$$

d'où :

$$W' = \frac{(\cos i - m \cos r)^2}{(\cos i + m \cos r)^2} \, W \qquad (18)$$

De même :

$$W'' = R_B \omega \cos r \int_{t_0}^{t_1} u''^2 dt = R_B \omega \cos r \, \frac{4m^2 \cos^2 i}{(\cos i + m \cos r)^2} \int_{t_0}^{t_1} u^2 dt$$

d'où :

$$W'' = \frac{R_B}{R_A} \, \frac{\cos r}{\cos i} \, \frac{4m^2 \cos^2 i}{(\cos i + m \cos r)^2} \, W$$

ou enfin :

$$W'' = \frac{4m \cos i \cos r}{(\cos i + m \cos r)^2} \, W \qquad (19)$$

et, comme on devait s'y attendre, $W = W' + W''$.

19. — Si, au lieu de considérer les énergies W, W', W'' rapportées à une même aire ω du plan MN, nous calculions les énergies W_1, W'_1, W''_1, qui traversent (ou traverseraient) chaque unité de surface des plans OA,

OB, OC respectivement normaux aux trois faisceaux, nous aurions :

$$W_{_1} = \frac{W}{\omega \cos i} \qquad W'_{_1} = \frac{W'}{\omega \cos i} \qquad W''_{_1} = \frac{W''}{\omega \cos r}$$

et, par suite :

$$W'_{_1} = \frac{(\cos i - m \cos r)^2}{(\cos i + m \cos r)^2}\, W_{_1} \qquad (20)$$

$$W''_{_1} = \frac{4m^2 \cos^2 i}{(\cos i + m \cos r)^2}\, W_{_1} \qquad (21)$$

et alors il ne serait pas exact d'écrire : $W_{_1} = W'_{_1} + W''_{_1}$.

20. — Dans le cas des ondes périodiques et si on prend l'intervalle de temps $t_{_1} - t_0$ égal à la période, les quantités W, W', $W_{_n}$ deviennent les *intensités totales* des faisceaux limités par l'aire ω ; les quantités $W_{_1}$, $W'_{_1}$, W'' sont les *intensités* de ces faisceaux *par unité de surface* de leurs sections droites.

21. — *Retour inverse des ondes.* — Mettons l'onde incidente dans le milieu B, et donnons au nouvel angle d'incidence la valeur r de l'ancien angle de réfraction. Il faudra remplacer n_{AB} par $n_{BA} = \dfrac{1}{n_{AB}}$ et, par suite, le nouvel angle de réfraction sera égal à l'ancien angle d'incidence i. Enfin m_{AB} devra être remplacé par $m_{BA} = \dfrac{1}{m_{AB}}$. Or, on reconnaît facilement que les expressions (18) et (19) ne sont pas modifiées quand on y remplace simultanément i par r, r par i et m par $\dfrac{1}{m}$. Donc, *la loi du partage de l'énergie est indépendante de l'ordre des milieux.*

23. — *Réfraction totale.* — D'après la formule (16), $u' = o$ et, par conséquent, il n'y a pas d'onde réfléchie, lorsque :

$$\cos i - m \cos r = o \qquad (26)$$

On a d'ailleurs toujours :

$$\sin i - n \sin r = o \qquad (27)$$

De ces deux équations, on tire :

$$tg\,i = \frac{n}{m}\sqrt{\frac{1 - m^2}{n^2 - 1}} \qquad (28)$$

$$tg\,r = \sqrt{\frac{1 - m^2}{n^2 - 1}} \qquad (29)$$

Pour que ces valeurs soient réelles, il faut que les différences $1 - m^2$ et $n^2 - 1$ soient de même signe ; les rapports

$$m_{AB}^2 = \frac{E_A\,\rho_A}{E_B\,\rho_B} \qquad \text{et} \qquad n_{AB}^2 = \frac{E_A\,\rho_B}{E_B\,\rho_A}$$

doivent donc être l'un plus grand, l'autre plus petit que 1 ; d'où nous concluons que : *pour que l'onde réfléchie puisse manquer, le rapport des élasticités des deux milieux doit être compris entre les rapports direct et inverse de leurs densités.*

Quand cette condition est remplie, il existe une valeur unique de l'angle i, pour laquelle cette onde manque ; cette valeur est donnée par la formule (28), et l'angle de réfraction correspondant r, par la formule (29).

Ce phénomène, qu'on peut appeler la *réfraction totale*, a son analogue en optique dans ce qui se produit quand un rayon polarisé dans un plan perpendiculaire au plan d'incidence, rencontre le miroir sous l'angle de polarisation totale : il n'y a pas de rayon réfléchi.

23. — L'analogie se poursuit en ce que le phénomène se présente pour le même couple de directions i et r, quel que soit l'ordre des milieux. En effet, si on suppose que les ondes passent de B en A, il faut, dans la formule (23), remplacer m et n par $\frac{1}{m}$ et $\frac{1}{n}$, ce qui donne :

$$tg\,i = \sqrt{\frac{1 - m^2}{n^2 - 1}}$$

il faut donc prendre pour nouvel angle d'incidence l'ancien angle de réfraction. Ce résultat est d'ailleurs un cas particulier du fait général que la loi du partage de l'énergie est indépendante de l'ordre des milieux.

24. — Enfin l'analogie présente un trait de plus quand les deux milieux sont des gaz parfaits, pris dans les mêmes conditions de température et de pression. Alors les élasticités sont les mêmes, et on a, par conséquent :

$$m = \frac{1}{n}$$

L'angle de *réfraction totale* est donc donné par la formule :

$$tg\,i = n$$

c'est la loi de *Brewster* pour l'angle de polarisation.

25. — *Réflexion totale.* — Lorsque la vitesse de propagation dans le milieu A est plus petite que dans le milieu B, l'indice de réfraction n_{AB} est plus petit que 1. Appelons alors *angle limite* l'angle λ donné par la formule :

$$sin\,\lambda = n_{AB}$$

Si on fait $i = \lambda$, on a $r = \frac{\pi}{2}$
et alors les équations (16), (17), (18) et (19) donnent :

$$u' = u \qquad\qquad u'' = 2mu$$
$$W' = W \qquad\qquad W'' = 0$$

Donc, pour que les conditions à la surface MN, d'où nous avons déduit ces équations, soient satisfaites dans ce cas particulier, il faut que dans le milieu B se propage une onde dans une direction parallèle à la surface MN, et que dans cette onde la vitesse vibratoire soit $u'' = 2\,mu$. Il y a alors une onde réfléchie, animée de la même vitesse vibratoire ($u' = u$) que l'onde incidente, et transportant, par suite, la même énergie W = W'). A travers un élément quelconque ω de la surface de séparation, aucune énergie ne passe de A en B, puisque $W'' = o$; en effet, la section droite $\omega \cos r$ d'un faisceau réfracté limité au contour de ω est nulle ; d'ailleurs encore la composante normale de la vitesse vibratoire est nulle partout le long de MN, ce qui ne permet au milieu A d'exercer aucun travail sur le milieu B. On exprime ces diverses circonstances en disant qu'il y a *réflexion totale*.

26. — Pour $i > \lambda$, toutes les formules deviennent imaginaires, c'est-à-dire qu'il n'est plus possible de trouver un système de trois ondes incidente, réfléchie et réfractée, capable de satisfaire aux conditions qui doivent être remplies à la surface de séparation des deux milieux.

La construction de Huygens et les lois géométriques qu'on peut en déduire conservent une signification pour la réflexion et n'en ont plus pour la réfraction. Il est donc naturel d'essayer de conserver l'onde réfléchie, et de supprimer l'onde réfractée ; mais il faudra remplacer celle-ci par quelque autre mouvement du milieu B, afin de satisfaire aux conditions relatives à la surface de séparation. Quel peut être ce mouvement de B ?

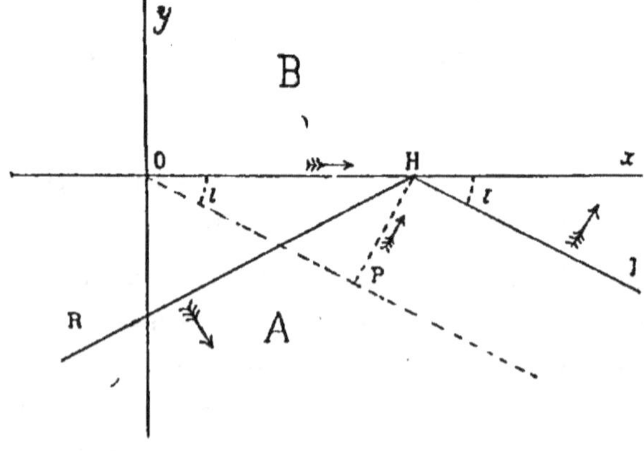

Fig. 4

27. — Considérons *(fig. 4)* l'onde plane incidente infiniment mince III sur laquelle la vitesse moléculaire est *u*, et l'onde plane réfléchie infiniment mince II R qui en provient et sur laquelle la vitesse moléculaire est *u'*. Ces deux ondes se coupent constamment suivant une droite II perpendiculaire au plan de la figure et située dans le plan MN où elle se déplace dans la direction O*x* avec la vitesse $\frac{OII}{t} = \frac{PII}{t \sin i} = \frac{a}{\sin i}$. La superposition des ondes incidente et réfléchie donne en tout point de la droite II une vitesse résultante dont la composante parallèle à O*y* est : *(u-u') cos i* et une condensation résultante : $\frac{u + u'}{a}$.

Dans le milieu B, il doit toujours y avoir aussi, le long de II, une composante de vitesse et une condensation égales à celles-là. Nous sommes ainsi conduits à attribuer au milieu B un mouvement se propageant dans le sens O*x* avec la vitesse $\frac{a}{\sin i}$.

28. — Or, dans le cas où nous sommes, $i > \lambda$, et, par suite, $\frac{a}{\sin i} < b$. Par conséquent, le frémissement que les ondes du milieu A imposent au milieu B le long du plan de séparation, se disperse dans toutes les directions de B plus rapidement qu'il ne se déplace sur ce plan. L'amplitude des élongations diminue donc vraisemblablement à partir de ce plan vers l'intérieur de B. Cet amortissement doit être particulièrement notable quand les ondes incidentes sont périodiques, à cause des interférences entre les condensations positives et négatives reçues, par un point quelconque de B, des différents points de la surface de séparation. Il est possible enfin que rapidité de cet amortissement dépende de la période.

29. — Guidés par ces diverses considérations et nous rappelant que, d'après le théorème de Fourier, toute fonction peut être exprimée par une somme de termes

périodiques, nous attribuerons au potentiel des vitesses dans le milieu B, la forme :

$$\psi = \Sigma \, \text{Me}^{-\mu y} \, sin \, \frac{2\pi \, sin \, i}{a\text{T}} \left(x - \frac{at}{sin \, i} \right) \qquad (3\text{o})$$

Il reste à démontrer que cette forme est acceptable.

Elle doit d'abord satisfaire à l'équation bien connue :

$$\frac{d^2\psi}{dt^2} = b^2 \Delta\psi \qquad (31)$$

Comme celle-ci est linéaire, il faut et il suffit que chaque terme de ψ y satisfasse séparément. Désignons par θ celui dont la période est T.

$$\theta = \text{Me}^{-\mu y} \, sin \, \frac{2\pi \, sin \, i}{a\text{T}} \left(x - \frac{at}{sin \, i} \right)$$

$$\frac{d^2\theta}{dt^2} = -\frac{4\pi^2}{\text{T}^2} \theta \qquad\qquad \frac{d^2\theta}{dz^2} = 0$$

$$\frac{d^2\theta}{dx^2} = -\frac{4\pi^2 \, sin^2 \, i}{a^2\text{T}^2} \theta \qquad\qquad \frac{d^2\theta}{dy^2} = \mu^2\theta$$

En mettant les expressions des dérivées de θ à la place de celles de ψ dans (31), et supprimant le facteur commun θ, nous avons :

$$-\frac{4\pi^2}{\text{T}^2} = -\frac{4\pi^2}{\text{T}^2} \frac{b^2 \, sin^2 \, i}{a^2} + b^2\mu^2$$

La forme (3o) satisfait donc à l'équation (31) pourvu qu'on prenne :

$$\mu = \frac{2\pi}{b\text{T}} \sqrt{\frac{b^2 \, sin^2 \, i}{a^2} - 1} = \frac{2\pi}{b\text{T}} \sqrt{\frac{sin^2 \, i}{n^2} - 1}$$

quantité toujours réelle dans le cas actuel ($i > \lambda$).

3o. — Supposons un instant que ψ ne contienne qu'un seul terme θ. Alors la vitesse moléculaire a pour composante suivant Oy :

$$\frac{d\theta}{dy} = -\mu\text{Me}^{-\mu y} \, sin \, \frac{2\pi \, sin \, i}{a\text{T}} \left(x - \frac{at}{sin \, i} \right)$$

et la condensation est :

$$- \frac{1}{b^3} \frac{d\theta}{dt} = - \frac{1}{b^2} \frac{2\pi}{T} \, \mathrm{M}e^{-\mu y} \cos \frac{2\pi \sin i}{a\mathrm{T}} \left(x - \frac{at}{\sin i} \right)$$

Le long de la surface de séparation, il faut faire, dans ces expressions, $y = 0$, ce qui réduit à 1 le facteur exponentiel.

Alors, les conditions à la surface sont :

$$(u - u') \cos i = - \mu \mathrm{M} \sin \frac{2\pi \sin i}{a\mathrm{T}} \left(x - \frac{at}{\sin i} \right)$$

pour les vitesses et

$$\mathrm{E_A} \frac{u + u'}{a} = - \frac{\mathrm{E_B}}{b^3} \frac{2\pi}{T} \, \mathrm{M}e^{-\mu y} \cos \frac{2\pi \sin i}{a\mathrm{T}} \left(x - \frac{at}{\sin i} \right)$$

pour les pressions.

Cette dernière s'écrit avec la notation adoptée plus haut (4) :

$$m(u + u') = - \frac{2\pi}{b\mathrm{T}} \, \mathrm{M}e^{-\mu y} \cos \frac{2\pi \sin i}{a\mathrm{T}} \left(x - \frac{at}{\sin i} \right)$$

Ces conditions sont satisfaites par les valeurs suivantes de u et de u' :

$$u = - \frac{1}{2 \cos i} \mu \mathrm{M} \sin \alpha - \frac{1}{2m} \frac{2\pi}{b\mathrm{T}} \mathrm{M} \cos \alpha$$

$$u' = + \frac{1}{2 \cos i} \mu \mathrm{M} \sin \alpha - \frac{1}{2m} \frac{2\pi}{b\mathrm{T}} \mathrm{M} \cos \alpha$$

J'ai posé, pour abréger,

$$\alpha = \frac{2\pi \sin i}{a\mathrm{T}} \left(x - \frac{at}{\sin i} \right)$$

Ces vitesses sont précisément celles que produiraient respectivement le long de la surface de séparation une onde incidente et une onde réfractée de même période T, se propageant avec la vitesse a, dans des directions faisant l'angle i avec la normale au plan de séparation.

La co-existence de ces deux ondes dans le milieu A

avec le mouvement amorti ci-dessus attribué au milieu B
satisfait donc à toutes les conditions du problème.

31. — La réflexion est *totale*, car en reprenant les
notations adoptées ci-dessus (17), et en calculant l'inté-
grale définie pour une période T, on a :

$$W = R_A\, \omega\, cos\, i \int_{t_0}^{t_0 + T} n^2 dt$$

$$W' = R_\lambda\, \omega\, cos\, i \int_{t_0}^{t_0 + T} n'^2 dt$$

et ces deux intégrales définies sont égales entre elles ;
leur valeur commune est :

$$\frac{1}{4\, cos^2\, i}\; \mu^2 M^2 + \frac{1}{4m^2}\; \frac{4\pi^2}{b^2 T^2}\; M^2$$

D'autre part, l'énergie transmise au second milieu,
pendant une période T, à travers l'élément de surface ω (qu'il faut supposer infiniment petit, parce que les
vitesses normales et les condensations varient d'un point
à l'autre du plan de séparation), est :

$$W'' = -\frac{\omega E_B}{b^2} \int_{t_0}^{t_0 + T} \left(\frac{d\theta}{dy}\right)_0 \left(\frac{d\theta}{dt}\right)_0 dt = \text{constante} \times \int_{t_0}^{t_0 + T} sin\, \alpha\, cos\, \alpha\, . dt = 0$$

Cela veut dire physiquement que le milieu B, en se
comprimant et se décomprimant au voisinage du milieu A,
rend à celui-ci pendant une certaine phase du mouvement
exactement autant de travail qu'il en reçoit pendant une
autre phase.

32. — Il importe de remarquer la différence de phase
δ introduite, ici comme en optique, par la réflexion totale,

entre les vitesses u et u'. Je ne reproduirai pas le calcul, plutôt long que difficile, qui conduit à la formule :

$$tg \, \pi\delta = \frac{m}{\cos i} \sqrt{\frac{\sin^2 i}{n^2} - 1}$$

δ varie donc de 0 à $\frac{1}{2}$, quand i varie de λ à $\frac{\pi}{2}$.

Voici l'interprétation physique de cette différence de phase. Par suite des restitutions de travail que le milieu B fait au milieu A (31), le mouvement réfléchi dans A, en un point déterminé du plan de séparation et à un instant quelconque, dépend, non seulement du mouvement apporté en cet instant même à ce point par l'onde incidente, mais encore de celui qu'elle y a apporté pendant les instants précédents, et qui s'est emmagasiné provisoirement dans B.

33. — Tout ce que nous avons dit dans les trois derniers paragraphes pour les ondes périodiques, s'applique à des ondes quelconques, puisque le théorème de Fourier permet de les considérer comme résultant de la superposition d'ondes périodiques.

M. l'abbé Bardin :

Faluns de l'Anjou et Rectification de la carte géologique de France concernant des terrains tertiaires de Maine-et-Loire rapportés à tort au Pliocène.

Au mois de novembre 1882, nous avons publié une note sur les faluns de Genneteil et de Saint-Clément-de-la-Place, et nous croyons y avoir démontré par la différence des faunes la différence d'âge de ces deux gisements de faluns.

La même différence de faunes nous a permis d'établir le synchronisme des faluns de Genneteil avec ceux de Pontlevoy et de la Touraine, et de rattacher ceux plus récents de Saint-Clément-de-la-Place aux faluns de Rennes.

Jusqu'à cette époque, les faluns de l'Anjou étaient considérés comme appartenant tous à la même époque et identifiés aux faluns de la Touraine par M. Millet, et aux faluns de Rennes par M. Vasseur, dans ses *Recherches géologiques sur les terrains tertiaires de la France occidentale*.

Les études et les recherches que nous avons faites depuis cette époque sur les faluns de l'Anjou nous permettent de préciser davantage les données acquises sur le miocène de ce pays et de le diviser en deux séries appartenant à des étages différents.

Nous regardons comme synchroniques des faluns de la Touraine (Pontlevoy et Manthelan) les faluns de l'arrondissement de Baugé, ceux notamment de Pontigné et de Lasse, du canton de Noyant, Linières-Bouton, La Pellerine, Méon, Meigné-le-Vicomte, Denezé, Auverse, Chavaignes, Chigné et Genneteil. — Nous avons donné la faune de ces faluns dans nos *Études Paléontologiques sur les terrains miocènes* de Maine-et-Loire en 1881 ; et nous y renvoyons à l'appui du synchronisme que nous affirmons entre les faluns de Noyant-Baugé et ceux de Touraine.

Nous rapportons à l'étage des faluns de Rennes, avec M. Vasseur, non seulement ceux de Chazé-Henry, de Noëllet et de la Prévière, mais encore les faluns de Noyant-la-Gravoyère, de Saint-Michel-et-Chanveaux, d'Armaillé, de la Cornuaille, Freigné et Chazé-sur-Argos.

Plus près d'Angers et appartenant au même niveau, sinon à un niveau supérieur, nous trouvons les faluns de *Vern,* de Saint-Clément-de-la-Place, de Gené, du Lion-d'Angers, de Thorigné, de Sceaux et de Montjean, au-dessus du Calcaire dévonien exploité comme pierre à chaux.

En résumé, si nous nous reportons à la *Note sur la nomenclature des terrains sédimentaires de MM. Munier-Chalmas et de Lapparent,* nous reconnaîtrons deux divisions de la série miocène dans les faluns de l'Anjou :

1° Une inférieure (faluns de l'arrondissement de Baugé), appartenant à l'étage Helvétien, et contenant comme les sables de Gründ *Pyrula cornuta* et la faune de la Touraine.

2° Une division supérieure, comprenant tous les dépôts rapportés à l'étage des faluns de Rennes, représentera chez nous l'étage Tortonien ; et une étude plus approfondie de ces gisements pourrait probablement nous y faire reconnaître les deux facies du Tortonien, distincts ou mélangés.

On trouve, en effet, à Thorigné et à Sceaux, comme un mélange de la faune de ces deux facies : c'est ainsi que, avec de nombreux Pleurotomes, on y recueille des Scutelles, et *Pecten Besseri, Pecten aduncus, Panopœa Menardi, Cardium turonicum,* associés à de nombreuses Colombelles.

Ces quelques considérations nous amènent à faire une petite rectification à la Carte géologique de France au millionième, publiée sous les auspices du Ministère des Travaux publics. On y remarque, en effet, que les dépôts tertiaires des environs d'Angers et de l'arrondissement de Segré sont désignés avec la couleur et le n° 2 consacrés au Pliocène, c'est-à-dire des graviers à *Elephas meridionalis,* aux couches à Congéries du Bassin du Rhône : or, ces assises tertiaires sont toutes inférieures aux couches à Congéries qui appartiennent à l'étage Pontien, sont inférieures même au Sarmatien, et appartiennent sans conteste au Tortonien et devraient prendre la couleur et le n° 3 destinés au miocène.

Du reste, si l'on prend le *tableau du synchronisme des assises miocènes* de la dernière édition du beau *Traité de Géologie* de M. de Lapparent, il n'y aurait, pour le compléter et le rendre ainsi parfaitement exact pour notre pays, qu'à mettre à l'étage Helvétien : faluns de la Touraine et de l'Anjou (arrondissement de Baugé), et à l'étage Tortonien : mollasse de l'Anjou et faluns des environs d'Angers et de l'arrondissement de Segré.

La conclusion de cette note sera que : l'Anjou ne contient pas de Pliocène — et que toutes ses couches tertiaires appartiennent à l'Oligocène et au Miocène inférieur et moyen, d'après la *Note sur la nomenclature des terrains sédimentaires*, de MM. Munier-Chalmas et de Lapparent.

M. J. Quélin :

La marche des nuages sur la France, principalement sur l'Ouest et l'Anjou

Nos maîtres en météorologie, M. Marcart en tête, nous ont fait connaître la marche ordinaire des dépressions qui entrent en Europe par le Nord-Ouest. Je ne sache pas qu'on ait suivi celles qui franchissent nos frontières par d'autres points et dont la trajectoire peut également affecter notre région de l'Ouest et plus particulièrement notre Anjou.

Les premières sont de beaucoup les plus fréquentes. Nous savons d'où elles viennent. Comme toutes les dépressions qui nous viennent de l'Atlantique, elles se sont formées dans le golfe du Mexique et la mer des Antilles. De ce point, suivant à peu près la même direction dans l'atmosphère que le Gulf-Stream dans l'Océan, elles remontent la côte américaine jusqu'à la hauteur du Saint-Laurent, s'écartent de plus en plus vers le Nord-Est, en traversant l'Atlantique, pour aborder l'Europe entre l'Islande et l'Écosse et se diriger ensuite vers le Pôle par la mer du Nord. Elles sont, dès lors, rendues dans le grand réceptacle et sous la calotte qui couvre la mer Glaciale et toute la dépression ou cuvette polaire.

Je ne fais qu'indiquer comment, d'après la lumineuse théorie du commandant américain Maury, tous les grands mouvements de l'atmosphère boréale viennent aboutir à ce point extrême de l'axe terrestre, et comment, reprenant leur marche perpétuelle, après divers changements de forme, les vapeurs doivent retourner vers le tropique. Très condensées dans cette cuvette, où elles doivent former comme un lac de glace et un dôme de neige, elles en sortent en prenant une allure peu régulière, très heurtée, quoique plus rapide à mesure qu'elles arrivent sur des parallèles de plus en plus longs, jusqu'à ce que, arrivées sur nos régions, par exemple, elles ne paraîtraient plus, si cette couche pouvait être nivelée en son épaisseur, qu'une nappe relativement mince, glissant en sens inverse sous la nappe supérieure des vapeurs plus chaudes se rendant du tropique au pôle.

Mais cet état régulier n'existe pas, ou presque pas, sous nos latitudes moyennes. Nous devrions avoir constamment les vents froids de Nord-Est, les vents alizés et c'est, au contraire, les contre-alizés de Sud-Ouest qui dominent sur la France et tout le centre de l'Europe occidentale. Je ne puis entrer ici en de longues explications et je ne puis que conseiller l'examen du simple et beau diagramme des vents, dressé par le commandant Maury.

Des oscillations perpétuelles du baromètre sont notre lot et nous ne pouvons dire lequel nous est, en définitive, le plus défavorable, ou des trop faibles pressions ou des trop fortes hausses barométriques. Contentons-nous d'observer, de constater les résultats et, dans les limites du possible, nous mettre en garde contre ces incessantes perturbations.

Après les dépressions très fréquentes de Nord-Ouest, viennent celles qui entrent en France par le golfe de Gascogne ; en troisième lieu se présentent celles du Nord, qui se confondent souvent avec celles de NW, quand celles-ci les rencontrent dans la mer du Nord ou sur la presqu'île scandinave. En quatrième lieu, les dépressions de Sud-Est, c'est-à-dire venues de la Méditerranée orientale. Celles qui nous atteignent le plus rarement sont celles qui viennent directement du Sud, c'est-à-dire de l'Afrique, en traversant la Méditerranée, d'Alger au golfe du Lion. Il peut venir des dépressions de tout autre côté, mais ce ne sont alors que des mouvements secondaires qui n'ont d'importance que dans le cas où ils s'ajoutent à quelque forte dépression qui les capte au passage.

Je ne parlerai pas ici des dépressions nées à l'intérieur du continent et n'affectant que quelques localités. Bien qu'elles prennent quelquefois une certaine gravité, elles sont si subites et si courtes qu'à peine le baromètre en est-il affecté avant leur passage.

Quel genre de perturbations et dans quelle mesure d'intensité les grandes dépressions se présenteront-elles en France et surtout dans l'Ouest ?

Voici quelques données : Les dépressions d'extrême NW — toujours par rapport à l'Europe — donneront des pluies, généralement froides, parce que les vapeurs qu'elles refoulent sur nous ont rencontré le courant polaire qui côtoie le sud du Groenland en descendant de la mer Glaciale. Les pluies ou neiges qui en résultent ne viennent jusqu'à nous que dans le cas où le centre de dépression est dévié par l'Islande et les îles voisines, et rejeté dans le sud de la mer du Nord. Nous n'en éprouvons guère les effets que le troisième jour du passage du centre au nord de l'Écosse.

Ces effets sont plus sensibles quand, du même centre de dépression venu de l'Atlantique Nord-Ouest se détache un tourbillon satellite qui, passant au Nord des Açores, vient frapper au Sud de l'Irlande. Mais nous sommes plus vite avertis en France et de sa direction et de son intensité. Nous avons toujours au moins vingt-quatre heures pour nous garantir du choc si c'est le grand vent seulement qui fait baisser le baromètre, très brusquement alors, et trente-six si c'est la pluie seule. L'intensité de l'un ou de l'autre dépend de la profondeur de la dépression.

Dépression du SW (golfe de Gascogne). Celle-ci est due à la dérivation partielle d'un autre tourbillon du même fleuve aérien qui, à la hauteur des Açores, s'est séparé du premier et, plus étroit, se jette avec vivacité dans le golfe hispano-français. Si sa vitesse est considérable, il s'engouffre vers le fond du golfe et produit tout d'abord un orage vers Biarritz, à cause de son refoulement par les Pyrénées. Les vapeurs les plus élevées se jettent sur les stations françaises situées sur le flanc, au pied et tout le long de la montagne. Les autres remontent et pénètrent en France par Bordeaux, par Rochefort et, enfin, par la baie de Bourgneuf ou l'embouchure de la Loire. C'est dans ce cas seulement que se produisent, sur le littoral et jusqu'en Anjou, ces nuées orageuses, parfois très intenses.

Quelquefois ces tourbillons suivent le littoral, sans pénétrer dans les terres. Du fond du golfe où ils étaient la veille, ils sont remontés jusqu'à l'entrée de la Manche le lendemain, en touchant toutes les îles de la côte. Le baromètre, dans nos stations, en est alors assez affecté ; le littoral reçoit de fortes pluies : c'est qu'alors le centre passe plus au large.

Dépression originaire du Nord. Celle-ci, sortie de la masse neigeuse de la mer glaciale, prend naturellement sa marche vers l'Est [1], mais elle est vite rejetée vers NE par la plus grande vitesse qu'ont acquises les molécules qu'elle rencontre sur de plus larges parallèles. Supposons un nuage de cette dépression. Arrivé sur le 70° parallèle — là où l'on commence à prendre des mesures barométriques — il descendra de la Laponie sur la Finlande et suivra la Baltique jusqu'à l'Allemagne, où les vents de Sud-Ouest, les contre-alizés, le disperseront ou le refouleront enfin dans l'Est. C'est de cette dépression que nous vient la neige le plus ordinairement, et cette neige forme les nuages qui, par exception, n'ont pas été refoulés avec les autres.

Quant aux dépressions de SE, leur action ne s'exerce que dans le SE et le centre de la France, leurs vapeurs étant arrêtées en partie par les Appennins. Celles qui paraissent au nord de cette ligne se heurtent aux contreforts des Alpes savoisiennes, avec orage vers Lyon, ou, plus loin, dans les Cévennes et le massif central, siège

---

[1] Les conditions ne sont pas les mêmes l'été que l'hiver.

des plus fréquents orages. Elles se résolvent plutôt, pour l'Ouest, en brumes, ciel gris, dans lequel paraissent fréquemment des faux-cirrus qui sont comme l'embrun des vagues aériennes se brisant sur ces montagnes.

Restent les dépressions de Sud direct. Elles viennent directement de l'Afrique centrale ; quelques-unes ne se sont formées que vers les Baléares, au milieu de la Méditerranée. Les unes et les autres abordent la France par le golfe du Lion, étendant leur action perturbatrice de Perpignan à Marseille. Si la dépression est assez creuse, assez énergiquement entraînée, elle viendra, elle aussi, se briser sur les Cévennes méridionales, inclinant vers Nord-Est, c'est-à-dire sur Lyon, situé dans le fond de cette Manche aérienne, comme Dunkerque et Calais dans la Manche marine. Aussi Lyon est-il, avec ses environs, l'une des stations le plus souvent foudroyées. On sait, par ailleurs, combien la Provence est affectée par ces vents de Sud, appelés le sirocco, et plus affectée encore quand le mistral, vent de Nord-Est, tombe des Cévennes dans la vallée du Rhône. De ces dépressions du Sud, la région de l'Ouest ne reçoit guère que les vapeurs chaudes et bénignement orageuses. Du reste, nous avons toujours plus d'un jour, à partir de l'heure où elles sont signalées, pour nous préparer à les recevoir.

En outre de ces cas d'une dépression s'avançant régulièrement et dont l'arrivée peut être assurément déterminée, il n'est pas rare de voir en même temps trois ou quatre isobares de même valeur s'avancer sur l'Europe. Ce pourra n'être que des dépressions relativement faibles, des pressions normales même (entre 755 et 760 millim.), dans la zône avancée, et l'on peut croire que le centre de l'Europe, où le baromètre est resté haut, sera exempt de tout trouble atmosphérique. L'observateur ne doit pas s'y tromper. Il peut être certain que plusieurs points orageux vont se former dans cette zone centrale, où se trouvent, stationnaires, des ondes magnétiques qui n'affectent pas longtemps d'avance les baromètres. Mais ici encore, bien avertis chaque jour par l'aspect de la carte du Bureau central, on saura à quoi s'en tenir, surtout si l'on connaît assez sa carte climatologique pour y avoir vu les points faibles, c'est-à-dire les lieux où la saturation magnétique est le plus accentuée.

En résumé, toutes ces dépressions et les perturbations qu'elles produisent peuvent être annoncées et le sont généralement par la carte quotidienne du Bureau central, au moins 12 heures à l'avance, quelques-unes 36 ou 48 heures. Munis de cette carte et des indications que je viens de donner, on ne serait pas pris au dépourvu plus d'une fois sur dix. Bien entendu que, pour un service public d'avertissements, il faudrait posséder des données plus précises et plus nombreuses.

M. Durand-Gréville :

Barogrammes et isobares de grain

Si une dépression barométrique ordinaire, dont les isobares sont des circonférences ou à peu près, passe sur un lieu donné sans éprouver de grands changements de vitesse ou de forme pendant son passage — ce qui est le cas le plus habituel — voici ce que montre l'observation des divers éléments météorologiques :

— Pendant la première moitié de son passage, en d'autres termes, jusqu'au moment où le centre de la dépression approche du minimum de distance du lieu d'observation :

La pression barométrique baisse *graduellement ;*

La température, la nébulosité, et la vitesse du vent haussent *graduellement.*

— Pendant la seconde moitié de sa course :

La pression barométrique remonte *graduellement ;*

La température et la vitesse du vent baissent *graduellement ;*

La nébulosité diminue assez rapidement et devient irrégulière.

Il existe une autre espèce de dépressions dans lesquelles les choses ont lieu d'une façon très différente, au moins dans la période moyenne du passage. Pendant les premières heures, rien ne les distingue des dépressions ordinaires. Mais, quand le centre approche de son point de distance minimum, voici ce qu'on aperçoit :

La pression barométrique baisse *un peu plus vite qu'à l'ordinaire ;*

La température s'élève *un peu plus vite ;*

La vitesse du vent s'accroît *un peu moins vite* ou même diminue un peu.

Mais, quand le minimum de distance du centre est atteint ou à peu près, rien ne se passe plus du tout, pendant un certain temps, comme dans une dépression ordinaire :

Le baromètre monte *brusquement*, de un ou de plusieurs millimètres (en un temps qui peut varier de quelques minutes à une heure ou davantage) ;

La température s'abaisse *brusquement* ;

La vitesse du vent augmente *très brusquement* ;

La direction du vent change *brusquement* de 45° en moyenne, souvent davantage, vers la droite : en général, elle passe du Sud-Ouest au Nord-Ouest ;

La nébulosité augmente *brusquement* ; elle est souvent accompagnée d'averses de pluie ou de grêle.

Au bout d'un temps variant de quelques minutes à une heure ou davantage, tous ces phénomènes accidentels disparaissent et les circonstances redeviennent graduellement ce qu'elles auraient été dans une dépression ordinaire.

*
* *

Mais les phénomènes anormaux que nous venons d'énumérer ne se produisent pas seulement au moment du passage d'une petite région de la dépression : ils se retrouvent sur tous les points d'une ligne plus ou moins sinueuse qui part du centre et qui ne s'écarte jamais beaucoup d'un rayon dirigé à peu près vers le Sud ou le S. S.-E. de la dépression.

C'est cette ligne que nous avons nommée *ligne* ou *rayon de grain* et qui borde un *ruban de grain* de 3o à 8o kilomètres de largeur.

La dépression dans laquelle se trouve une ligne de ce genre est une dépression *à grain, orageux ou non*.

Il peut y avoir, dans une dépression, plusieurs rayons

de grain qui passent sur le lieu d'observation à une ou plusieurs heures d'intervalle. Généralement, c'est le premier rayon de grain qui amène les plus grandes vitesses du vent.

D'autre part, la distinction que nous venons de faire n'est pas absolue : il serait plus juste de dire que certaines dépressions sont *à grains violents,* d'autres *à grains faibles,* tous les degrés de transition pouvant se présenter. Si les grandes averses et les grands orages sont amenés en chaque lieu par le passage d'un rayon de grain à ressaut barométrique très haut et à vent fort, on doit remarquer que les petites averses et même les simples ondées présentent, en petit, tous les phénomènes énumérés plus haut : changement brusque de direction et hausse brusque d'intensité du vent, hausse brusque de la pression barométrique, etc. Seulement ces phénomènes son tellement faibles, qu'ils passent inaperçus et sont, en tout cas, négligeables la plupart du temps. La distinction entre les dépressions à grains et les dépressions ordinaires subsiste donc dans la pratique, comme la distinction entre le beau et le mauvais temps, entre le temps calme et la tempête, bien que, là aussi, tous les degrés intermédiaires se présentent, selon le cas.

* *

Il est facile de comprendre qu'on puisse distinguer ces deux espèces de dépressions par le seul examen des barogrammes tracés pendant leur passage. Une courbe régulière correspond aux dépressions habituelles, dont les isobares sont circulaires ; une courbe *à ressaut* représente une dépression à grain avec les brusques changements de pression qui la caractérisent et qui sont concomitants à d'autres changements non moins brusques.

Nous avons dit que le ruban de grain se transporte parallèlement à lui-même, entraîné dans le mouvement, presque toujours W. S.-W., E. N.-E. de la dépression dont il fait partie. Les lignes isochrones d'orage, dont tout le monde connaît aujourd'hui la propagation habituelle vers l'Est, ne sont pas autre chose que des fragments de rayons de grain, fragments dans lesquels, outre toutes les brusques apparitions de phénomènes énumérées jusqu'ici, vient s'ajouter subsidiairement la présence de phénomènes électriques, éclairs, tonnerre, foudre.

La *fig. 1* représente les positions successives de la ligne de grain dans la dépression du 27 août 1890, dont le centre se trouvait en Écosse à 7 heures du matin et a marché vers l'E. N.-E. pendant environ 36 heures. La dernière position bien nette de la ligne de grain a été celle qui passait sur Saint-Pétersbourg le 28 août, à 5 heures du soir.

Sur les deux tiers Sud de sa longueur, ce ruban de grain a promené avec lui une bande de violents coups de vent qui enlevaient les toits et déracinaient les arbres. Cette bande n'avait guère plus de 60 kilom. de largeur, car elle se déplaçait avec une vitesse moyenne de 65 kilom. à l'heure et, en aucun endroit, le temps de son passage, marqué par une augmentation très forte de la vitesse du vent, n'a duré plus d'une heure. Sur un grand nombre de points, le vent a été fort presque toute la journée, mais c'était à cause de la grande importance de la dépression : le *ruban de grain* était caractérisé par deux phénomènes bien nets, qui se produisaient uniquement dans son intérieur, une force de vent plus grande qu'avant et après son passage, une direction de vent différente (de

45° environ plus à droite) de la direction qui a existé
avant et après le passage.

De violents orages avec grêle et coups de foudre ont
eu lieu *toujours au moment même* du passage du ruban
de grain, mais non pas partout sur son passage. Le grain
n'éveillait l'orage que là où l'atmosphère y était tout
spécialement préparée par une température élevée et une
grande humidité absolue, d'où formation de grands
cumulus dont les sommets pénétraient fort loin dans les
couches d'air glacées ; les gouttelettes étaient en surfusion
et entre les cumulus ou même à leurs sommets, se trou-

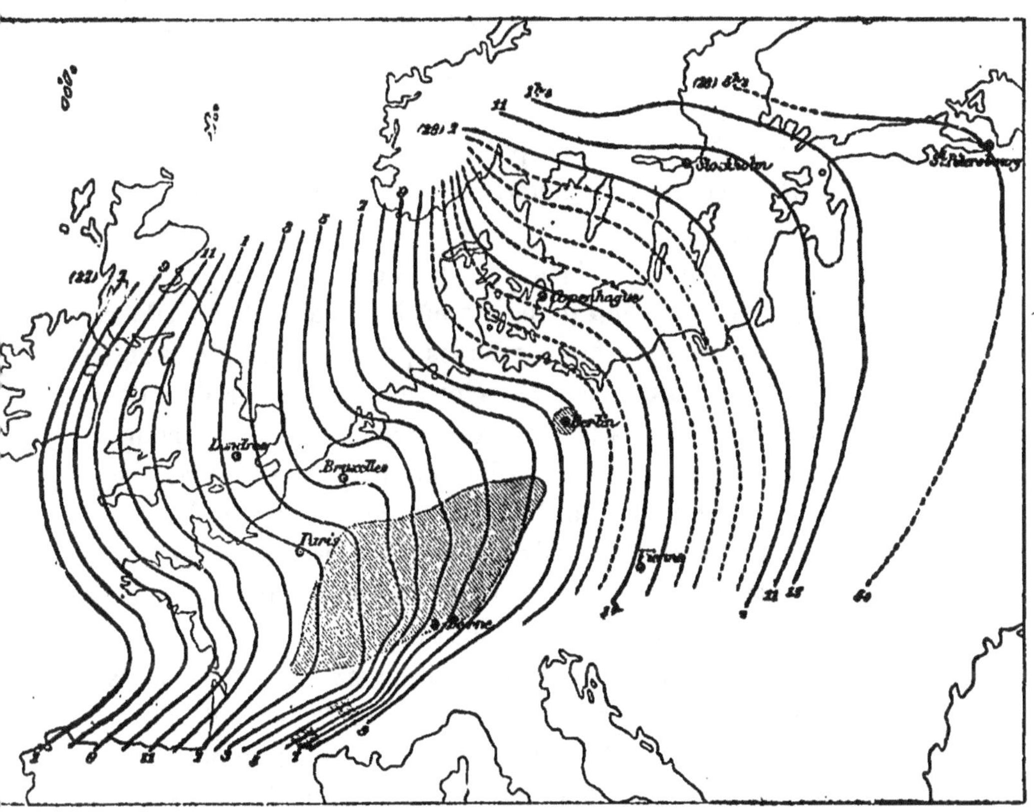

Fig. 1

vaient des cirrus que le coup de vent allait mettre en contact avec les cumulus surfondus, d'où congélation instantanée des gouttelettes et formation de grêlons qui tombaient, tels quels ou fondus, selon les circonstances. Les quatre régions ombrées de la *fig. 1* représentent les points où le passage de la ligne de grain était accompagné d'orages. On peut constater, comme cela était probable, que le passage de la ligne de grain n'a pas amené d'orage avant 1 heure après-midi, un après 8 heures du soir. C'est qu'avant et après les heures les plus chaudes du jour, les circonstances n'étaient plus favorables, les cumulus n'étaient pas encore formés ou étaient retombés plus bas que la couche des cirrus orageux. Berlin (9 heures du soir) fait exception : il faut admettre, puisque l'orage s'y est encore déchaîné (*au moment* du passage de la ligne de grain), que l'atmosphère, au-dessus de cette ville, contenait encore les matériaux nécessaires à la fabrication de l'orage.

Mais, même aux heures les plus chaudes de la journée, il y a eu beaucoup de points où l'humidité et la chaleur n'avaient pas été assez grandes pour préparer les matériaux de l'orage, car le rayon de grain a produit des ravages matériels et des averses violentes sur ces points sans amener de manifestations électriques. Tout n'est pas dit, tant s'en faut, sur la question de l'origine de l'orage ; mais un point désormais bien établi, c'est que des orages de quelque importance ne se produisent jamais *qu'au moment précis* du passage du ruban de grain.

Ils peuvent durer quelquefois assez longtemps après ce passage, comme si la ligne de grain laissait après elle, dans les hautes régions de l'air, des remous capables de brasser encore les matériaux existants ; mais cette durée des orages peut s'expliquer par l'arrivée suscessive de lignes de grains faibles qui suivent la ligne principale.

Cette dernière explication n'est nullement gratuite, car les marins rencontrent souvent des grains successifs quand ils se trouvent dans la partie sud d'une dépression qui passe de l'Ouest à l'Est.

*
* *

C'est faute d'avoir remarqué l'existence et les particularités du rayon ou ruban de grain, que les météorologistes ont cru pouvoir admettre une différence essentielle entre les orages dits « de tourbillons » et les orages dits « de chaleur » ou « locaux ».

La différence n'est pas fondamentale, puisque les uns et les autres sont produits dans l'intérieur du tourbillon d'une grande dépression. Seulement, les premiers se trouvent près du centre, surtout en hiver et dans les pays baignés par des mers froides, Islande, Écosse, Norwège ; les seconds peuvent se trouver en un point quelconque du rayon de grain d'une grande dépression, parfois même à 1.ooo kil. du centre et davantage, mais toujours dans l'intérieur d'une grande dépression.

Ceux-ci ne méritent en aucune façon le nom de « locaux », puisqu'ils se produisent toujours dans les limites d'un étroit ruban de grain qui fait partie intégrante d'une dépression très étendue et qui *se déplace avec elle*, dans la même direction qu'elle et avec la même vitesse. Même quand les orages dits « locaux » sont très restreints en surface, très disséminés, sans relation apparente entre eux, le changement de force et de direction du vent qui les accompagne montre qu'ils sont produits par le passage de rubans de grain. Les orages ont l'air d'être locaux dans deux cas différents : 1° Quand un ruban de grain violent passe dans une atmosphère mal préparée, où les cumulo-nimbus ne préexistent pas, où l'humidité *absolue* de l'air est plus ou moins faible ; 2° quand le ruban de grain est assez faible pour que le vent qu'il amène produise des troubles uniquement dans les endroits où l'atmosphère est exceptionnellement bien préparée.

Il y a encore un autre point qui mérite d'attirer l'attention : c'est l'existence des prétendues « dépressions secondaires » qui auraient la propriété d'être « orageuses ».

Nous n'irons pas jusqu'à affirmer qu'il n'ait jamais existé nulle part, dans le sein d'une grande dépression, une dépression secondaire pouvant produire des vents forts et, par conséquent, amener dans une atmosphère bien préparée le choc brusque nécessaire à l'éclosion de l'orage. Nous affirmons seulement que jamais, jusqu'ici, aucun météorologiste n'a dressé *par millimètres*, avec toute la précision requise, une carte d'isobares embrassant une grande dépression, prouvant nettement l'existence d'une dépression secondaire orageuse dans le sein de la grande, et montrant la relation exacte entre les déplacements de cette dépression secondaire et la propagation des lignes isochrones d'orage.

Nous entendons ici par dépression secondaire orageuse un tourbillon dans lequel les masses d'air se meuvent en sens inverse du mouvement des aiguilles d'une montre : C'est la définition courante, et c'est bien sous cette forme que la plupart des météorologistes se représentent la dépression orageuse.

En réalité, si elle existe, elle est très rare, très acciden-telle, et ne peut aucunement suffire à expliquer la régu-

larité relative de forme des isochrones d'orage, non plus
que leur longueur de 100 à 5oo kilomètres, encore moins
l'infinie variabilité de la distribution des points orageux
sur toutes leur longueur.

La *fig.* 2, qui représente les isobares dans une
grande dépression à grain orageux (27 août 1890), fera
comprendre d'où est venue la notion fausse de ces petites
dépressions orageuses. Cette carte a été faite avec des
documents beaucoup plus nombreux que celles des
Bulletins journaliers des divers observatoires européens.

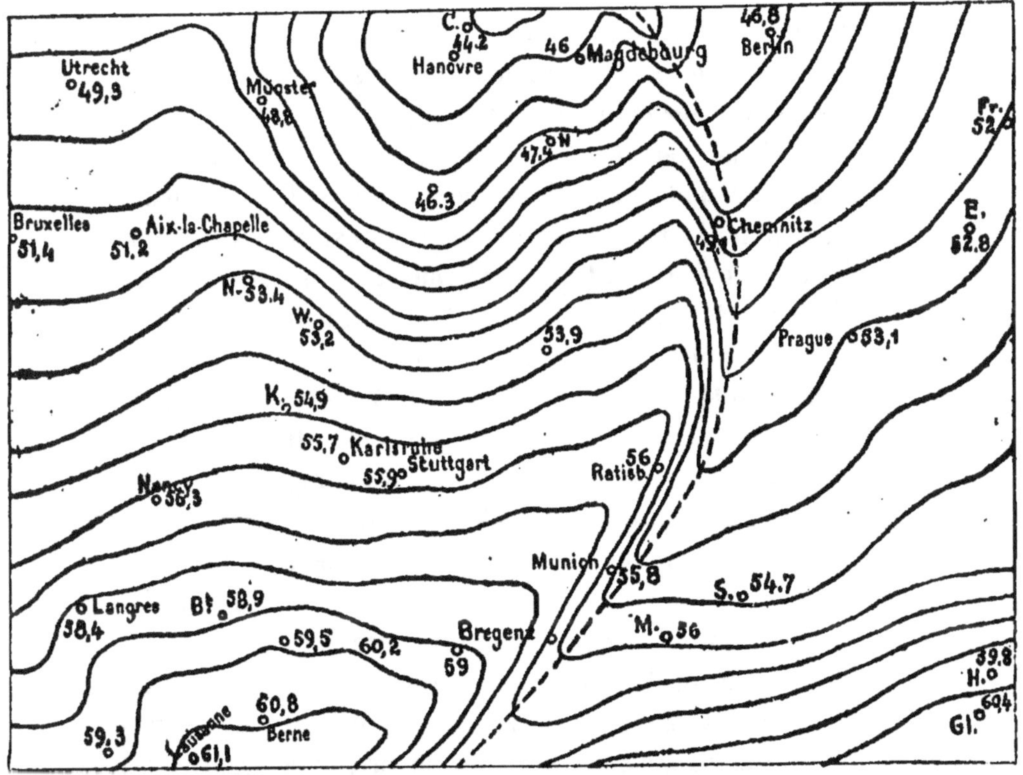

Fig. 2

Supposons pour un instant qu'elle eût été établie sans le secours d'environ 5o barogrammes et de documents particuliers : dans ce cas, on n'aurait pu la tracer qu'approximativement, par des isobares de 5 en 5 millimètres, comme cela se fait partout jusqu'ici. Si le lecteur veut bien suivre d'un large trait de crayon de couleur, en arrondissant les angles, les trois isobares de 745 millimètres, 75o et 755 millimètres, il obtiendra trois lignes entre lesquelles — à droite de la ligne de grain pointillée — se trouvent des espaces invraisemblablement larges où il sera tenté de placer des dépressions secondaires. Encore ici l'œil est-il guidé et l'imagination est-elle avertie par les courbes intermédiaires ; mais, si les trois isobares de 5 en 5 millimètres étaient transportées sur un papier calque, c'est alors que la nécessité d'imaginer des dépressions secondaires paraîtrait presque irrésistible.

Et si, au lieu de la carte de 9 heures du soir, nous avions présenté celle de 7 heures du matin du même jour, toute la partie des isobares qui est à gauche de la ligne de grain pointillée, se trouvant sur l'Atlantique, serait restée inconnue : la tentation d'admettre l'existence de dépressions secondaires aurait été encore plus forte.

En réalité, il n'y aurait rien de semblable, sauf quelques exceptions possibles, mais, en tout cas, très rares, ces prétendues dépressions secondaires ne représenteraient que la région située à l'est de la ligne de grain — c'est-à-dire en avant de cette ligne — région dans laquelle, comme nous l'avons vu, la pression est plus faible qu'elle ne serait dans une dépression ordinaire. C'est cet abaissement anormal de la pression barométrique qui écarte du centre les isobares, qui les incline fortement vers le sud-ouest, qui produit, en un mot, la première branche du zig-zag que nous avons appelé *inflexion de grain*.

Quand les météorologistes aperçoivent ces courbes irrégulières dans les cartes du *Bulletin international* de 7 heures du matin, ils en concluent à l'existence de « dépressions secondaires orageuses » sur nos côtes et, par conséquent, à la probabilité d'orages dans le courant de la journée.

Pour nous, ces inflexions sont les indices certains de l'existence d'un rayon de grain près des côtes, et nous concluons à la grande probabilité du passage de ce rayon de grain à travers la France, avec orages surtout dans les régions où l'atmosphère sera convenablement préparée et où le grain passera pendant l'après-midi.

Mais, pourra-t-on objecter, la question n'a aucune gravité : peu importe qu'il s'agisse d'une dépression secondaire ou d'une ligne de grain, puisque le pronostic est le même !

Nous répondrons à cela qu'il n'est jamais indifférent de serrer une question de plus près ; qu'une vue approximative de la vérité, si on s'en contente, arrête nécessairement les recherches ; enfin, que, comme nous croyons l'avoir prouvé ailleurs [1], l'étude du mouvement de translation de la ligne de grain permettra d'annoncer les orages avec une précision très supérieure à celle que l'on obtient actuellement.

24 août 1895.

---

[1] *Les grains et les orages,* Annales du Bureau central météorologique de France, année 1892, Paris 1894. — *Les grains et les tornades, ibid.,* année 1893, Paris 1895. — *Le vent dans les grains,* Congrès de la science de l'atmosphère, Anvers, 1894.

TABLE DES MATIÈRES

Angers, imp. Germain et G. Grassin. — 770-94.

ERRATA

Page 158, ligne 10, lire *anthropologistes* au lieu de anthropologiques.

Page 160, ligne 23, lire *Sabins* au lieu de Saliens.

Page 161, ligne 13, lire *Himahus* au lieu de LLimahus.

Page 161, ligne 17, lire *Sogdiane* au lieu de Sagdiane.

Page 166, ligne 30, lire *le* troisième strate au lieu de la troisième.

9 782013 045223